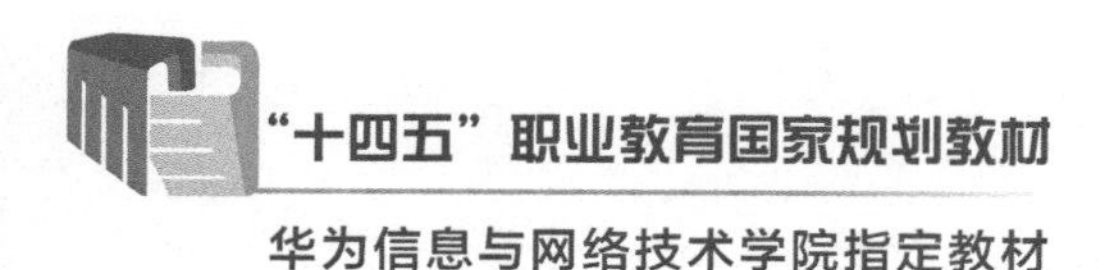

教育部高等学校计算机类专业教学指导委员会
华为ICT产学合作项目
物联网实践系列教材

物联网
操作系统原理
（LiteOS）

IoT Operating System Principle (LiteOS)

孔令和 李雪峰 柴方明◉编著

人民邮电出版社
北京

图书在版编目（C I P）数据

物联网操作系统原理 ： LiteOS / 孔令和，李雪峰，
柴方明编著. -- 北京 ： 人民邮电出版社，2020.6（2024.7重印）
物联网实践系列教材
ISBN 978-7-115-53175-9

Ⅰ. ①物… Ⅱ. ①孔… ②李… ③柴… Ⅲ. ①互联网
络－应用－操作系统－教材②智能技术－应用－操作系统
－教材 Ⅳ. ①TP316

中国版本图书馆CIP数据核字(2019)第291656号

内 容 提 要

本书全面介绍了物联网操作系统相关知识，全书共 15 章，包括物联网操作系统概述，任务管理，任务同步，中断、异常与时间，内存管理，存储管理，能耗管理，LiteOS 扩展组件，LiteOS 双端优化，LiteOS 应用，LiteOS 实验环境配置，LiteOS 内核实验一，LiteOS 内核实验二，LiteOS 实战实验，LiteOS 创新设计等。

本书可以作为高校物联网操作系统课程的教材，也可以作为物联网培训班的教材，还适合广大物联网应用开发人员、物联网产品技术支持的专业人员和广大计算机爱好者自学使用。

◆ 编　　著　孔令和　李雪峰　柴方明
　责任编辑　左仲海
　责任印制　王　郁　马振武
◆ 人民邮电出版社出版发行　　北京市丰台区成寿寺路 11 号
　邮编　100164　　电子邮件　315@ptpress.com.cn
　网址　https://www.ptpress.com.cn
　北京天宇星印刷厂印刷
◆ 开本：787×1092　1/16
　印张：11.25　　　　　　　2020 年 6 月第 1 版
　字数：242 千字　　　　　　2024 年 7 月北京第 4 次印刷

定价：39.80 元

读者服务热线：(010)81055256　印装质量热线：(010)81055316
反盗版热线：(010)81055315
广告经营许可证：京东市监广登字 20170147 号

教育部高等学校计算机类专业教学指导委员会-华为 ICT 产学合作项目
物联网实践系列教材

专家委员会

丛书序一 PREFACE

5G 网络的建设与商用、NB-IoT 等低功耗广域网的广泛应用推动了以物联网为核心的新技术迅猛发展。当前物联网在国际范围内得到认可，我国也出台了国家层面的发展规划，物联网已经成为新一代信息技术重要组成部分，物联网发展的大趋势已经十分明显。2018 年 12 月 19 日至 21 日，中央经济工作会议在北京举行，会议重新定义了基础设施建设，把 5G、人工智能、工业互联网、物联网定义为“新型基础设施建设”。物联网正在推动人类社会从“信息化”向“智能化”转变，促进信息科技与产业发生巨大变化。物联网已成为全球新一轮科技革命与产业变革的重要驱动力，物联网技术正在推动万物互联时代的开启。

我国在物联网领域的进展很快，完全有可能在物联网的某些领域引领潮流，从跟跑者变成领跑者。但物联网等新技术快速发展使得人才出现巨大缺口，高校需要深化机制体制改革，推进人才培养模式创新，进一步深化产教融合、校企合作、协同育人，促进人才培养与产业需求紧密衔接，有效支撑我国产业结构深度调整、新旧动能接续转换。

从 2009 年开始到现在，国内对物联网的关注和推广程度都比国外要高。我很高兴看到由高校教学一线的教育工作者与华为技术有限公司技术专家联合成立的编委会，能共同编写“物联网实践系列教材”，这样可以将物联网的基础理论与华为技术有限公司相关系列产品深度融合，帮助读者构建完善的物联网理论知识和工程技术体系，搭建基础理论到工程实践的知识桥梁。华为自主原创的物联网相关核心技术不仅在业界中得到了广泛应用，而且在这套教材中得到了充分体现。

我们希望培养具备扎实理论基础，从事工程实践的优秀应用型人才，这套教材就很好地做到了这一点：涵盖基础应用、综合应用、行业应用三大方向，覆盖云、管、边、端。系列教材体系完整、内容全面，符合物联网技术发展的趋势，代表物联网领域的产业实践，非常值得在高校中进行推广。希望读者在学习后，能够构建起完备的物联网知识体系，掌握相关的实用工程技能，未来成为优秀的应用型人才。

中国工程院院士　倪光南

倪光南

2020 年 4 月

丛书序二 PREFACE

随着 5G、人工智能、云计算和区块链等新技术的应用发展，数字化技术正在重塑这个世界，推动着人类走向智能社会。这些新技术与物联网技术交织、碰撞和融合，物联网技术将进入万物互联的新阶段。

目前，我国物联网正加速进入新阶段，实现跨界融合、集成创新和规模化发展。人才是产业发展的基石。在工业和信息化部编制的《信息通信行业发展规划物联网分册（2016-2020 年）》中更是强调了需要"加强物联网学科建设，培养物联网复合型专业人才"。物联网人才培养的重要性，可见一斑。

华为始终聚焦使用 ICT 技术推动各行各业的数字化，把数字世界带入每个人、每个家庭、每个组织，构建万物互联的智能世界。华为云 IoT 服务秉承"联万物，+智能，为行业"的理念，发展涵盖芯、端、边、管、云的 IoT 全栈云服务，携手行业伙伴打造 AIoT 行业解决方案，培育万物互联的黑土地，全面加速企业数字化转型，助力物联网产业全面升级。

随着产业数字化转型不断推进，国家数字化人才建设战略不断深入，社会对 ICT 人才的知识体系和综合技能提出了更高挑战。健康可持续的 ICT 人才链，是产业链发展的基础。华为始终坚持构建良性人才生态，激发产业持续活力。2020 年，华为正式发布了"华为 ICT 学院 2.0"计划，旨在联合海内外各地的高校，在未来 5 年内培养 200 万 ICT 人才，持续为 ICT 产业输送新鲜血液，促进 ICT 产业的欣欣向荣。

教材建设是高校人才培养改革的重要举措，这套教材是学术界与产业界理论实践结合的产物，是华为深入高校物联网人才培养的重要实践。在此，请让我向本套教材的各位作者表示由衷的感谢，没有你们一年的辛勤和汗水，就没有这套教材的输出！

同学们、朋友们，翻过这篇序言，你们将开启物联网的学习探索之旅。愿你们能够在物联网的知识海洋里，尽情遨游，展现自我！

华为公司副总裁　云 BU 总裁　郑叶来

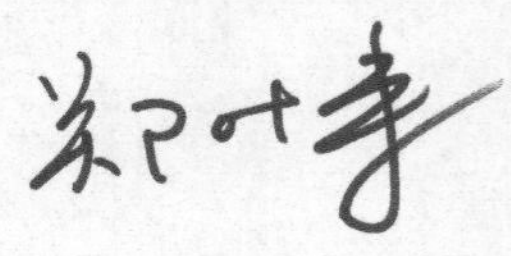

2020 年 4 月

前言 FOREWORD

物联网操作系统向下管理硬件，向上支撑应用，是物联网的重要组成部分。物联网操作系统属于嵌入式实时操作系统，面向物联网终端设备的管理，具有轻量级、高实时性等特性。物联网操作系统已成为高校物联网专业的必修课程之一。本书主要介绍物联网操作系统的基本理论和设计理念，并且以 Huawei LiteOS 为实例介绍实验内容。Huawei LiteOS 是开源的物联网操作系统，相关的开发技术、控件、工具已比较成熟与丰富，能够全面辅助教学和实际系统开发。

本书是由教育部高等学校计算机类专业指导委员会指导编写的物联网实践系列教材之一，针对全国开设物联网相关专业的高校，是培养高端应用型人才的教学与训练教材。本书从基础核心知识点出发，以关键特色技术为亮点，结合实际项目转化的案例，在完成技术讲解的同时，对读者提出实践与创新的要求。读者在学习本书的过程中，不仅能快速完成基本技术的学习，还能按工程化实践要求进行项目的开发，实现相应功能。本书建议授课 32～48 课时，理论课和实验课比例为 3：1。

本书的编者有着多年的实际项目开发经验，并有着丰富的教育教学经验，完成了多轮次、多类型的教育教学改革与研究工作。在编写本书过程中，编者得到了华为技术有限公司的直接参与及大力支持。

本书主要特点如下。

1. 基础理论教学与技术特色介绍紧密结合

为了使读者更加具体地了解物联网操作系统，本书将操作系统理论知识和广泛使用的 Huawei LiteOS 紧密结合，令读者有直观的印象和实践的可能。这一方式也使本书对于零基础读者更加友好。

2. 内容组织合理、有效

本书按照由浅入深的顺序，从底层概念出发，在逐渐完善基础系统功能的同时，引入了对扩展组件与相关技术的讲解，进行了深层的知识扩充。本书结合书后丰富的训练内容，实现了教学与实践的合二为一，有助于“教、学、做一体化”教学的实施。

3. 实践内容充实、丰富

本书的训练内容循序渐进，完成训练环境准备后，先通过模拟实验对基础知识进行针对性的实践与巩固，再围绕实际项目案例，对完整的系统设计和实现准备做出指导，最后完成详细工作。

为方便读者使用，读者可登录人邮教育社区（www.ryjiaoyu.com）下载图书相关教学资源。

本书由孔令和、李雪峰、柴方明编著，瞿文浩、吴祖成、文振早参与编写。

由于编者水平有限，书中不足或疏漏之处在所难免，殷切希望广大读者批评指正。同时，恳请读者发现书中错误时，及时与编者联系，以便编者尽快更正，编者 E-mail：linghe.kong@sjtu.edu.cn 。

编　者

2019 年 12 月

目录 CONTENTS

第1章 物联网操作系统概述 ······1

1.1 操作系统概述······1

1.2 实时操作系统······3

1.3 嵌入式操作系统······4

1.4 物联网操作系统······5

1.4.1 物联网操作系统需求······5

1.4.2 物联网操作系统发展······6

1.4.3 物联网操作系统基本组成及特点······7

1.5 物联网操作系统架构······9

1.5.1 Huawei LiteOS 简介······10

1.5.2 Huawei LiteOS 架构······10

1.6 小结······11

第2章 任务管理······12

2.1 任务管理基本概念······12

2.1.1 进程与线程······12

2.1.2 任务······13

2.2 任务管理原理······13

2.2.1 任务控制块······13

2.2.2 任务状态······14

2.2.3 任务栈······15

2.2.4 任务优先级······15

2.3 任务调度······15

2.3.1 任务上下文······16

2.3.2 任务切换······16

2.3.3 调度算法······16

2.4 任务运行······16

2.4.1 任务创建······16

2.4.2 任务终止······17

2.5 任务间通信······17

2.5.1 消息队列······17

2.5.2 运作原理······18

2.6 小结······19

第3章 任务同步······20

3.1 任务同步背景······20

3.2 临界区问题······21

3.3 同步方案······22

3.3.1 软件同步······22

3.3.2 硬件同步······23

3.4 信号量······24

3.4.1 信号量实现原理······25

3.4.2 互斥锁实现原理······26

3.4.3 优先级翻转与优先级继承······27

3.5 事件······28

3.5.1 事件内部结构······28

3.5.2 事件唤醒任务······29

3.6 死锁······30

3.6.1 死锁原理······30

3.6.2 死锁预防······30

3.6.3 死锁避免······31

3.6.4 死锁检测······31

3.7 原子操作······32

3.8 小结······32

第4章 中断、异常与时间······34

4.1 中断······34

4.1.1 中断的基本概念······34

4.1.2 中断向量表······35

4.1.3 中断请求与处理······36

4.1.4 多个中断······37

4.2 异常接管……38
4.2.1 异常接管基本概念……38
4.2.2 运作机制……39
4.3 时间管理……40
4.3.1 系统时钟……40
4.3.2 软件定时器……40
4.4 小结……42
第5章 内存管理……43
5.1 内存管理概述……43
5.1.1 地址映射管理……43
5.1.2 动态内存管理……44
5.2 动态内存……44
5.2.1 内存块……44
5.2.2 空闲内存块的管理……45
5.2.3 空闲内存块的分配策略……45
5.2.4 内存块的基本维护……45
5.3 内存管理的实现方法……46
5.3.1 基于双向链表的 best-fit……46
5.3.2 两级分级匹配……48
5.3.3 slab……49
5.3.4 内存池……51
5.3.5 内存初始化……51
5.4 小结……52
第6章 存储管理……53
6.1 文件概念……53
6.1.1 文件属性……54
6.1.2 文件操作……54
6.1.3 文件类型……55
6.2 目录结构……56
6.2.1 目录概述……56
6.2.2 树形目录……57
6.2.3 无环图目录……59
6.3 物联网的文件系统……60
6.4 文件系统支持……61
6.4.1 VFS……62
6.4.2 NFS……63
6.4.3 FAT……63
6.5 小结……64
第7章 能耗管理……65
7.1 能耗……65
7.2 CPU 占有率……66
7.2.1 基本概念……66
7.2.2 运作原理……67
7.2.3 应用场景……67
7.3 休眠唤醒……67
7.3.1 休眠唤醒的基本概念……67
7.3.2 休眠唤醒的运作流程……68
7.3.3 休眠唤醒的使用场景……68
7.4 Tickless……69
7.5 小结……71
第8章 LiteOS 扩展组件……72
8.1 端云互通组件……72
8.1.1 LwM2M 协议……72
8.1.2 MQTT 协议……75
8.1.3 端云系统方案……77
8.2 OTA 升级组件……78
8.2.1 OTA 升级的价值……78
8.2.2 OTA 升级流程……79
8.3 Huawei MapleJS……83
8.3.1 MapleJS 特点……83
8.3.2 MapleJS 支持的语法规格……83
8.3.3 模块系统……84
8.3.4 周边支持……84
8.4 小结……85
第9章 LiteOS 双端优化……86
9.1 云管端……86

9.1.1 OceanConnect 物联网平台……86
9.1.2 OceanConnect 的功能……87
9.1.3 OceanConnect 的优势……88
9.1.4 Huawei LiteOS 快速适配……89
9.2 OpenCPU 方案……89
9.2.1 方案思路……89
9.2.2 开发优势……90
9.3 小结……90

第 10 章 LiteOS 应用……92

10.1 智能手机和可穿戴应用……92
10.2 智能家居应用……93
10.3 其他……93
10.3.1 MobileCam……93
10.3.2 智能水表……94
10.3.3 智能照明……94
10.3.4 智能停车……95
10.4 小结……96

第 11 章 LiteOS 实验环境配置……97

11.1 硬件环境……97
11.1.1 野火 STM32F429IG 开发板……98
11.1.2 小熊派开发板……99
11.2 常用集成开发工具……100
11.3 LiteOS Studio……101
11.4 实验环境准备……102
11.4.1 ST-Link 驱动安装与开发板连接……102
11.4.2 LiteOS 工程导入……102
11.5 小结……106

第 12 章 LiteOS 内核实验一……107

12.1 任务创建……107
12.1.1 任务入口函数……107
12.1.2 任务参数设置……109
12.2 任务优先级抢占与延时……112
12.2.1 任务优先级抢占……112
12.2.2 任务延时……114
12.2.3 高优先级任务打断……116
12.2.4 优先级动态调整……117
12.3 任务中创建与删除……120
12.4 小结……122

第 13 章 LiteOS 内核实验二……123

13.1 队列……123
13.1.1 队列写入简单类型的数据……123
13.1.2 队列写入复杂类型的数据……127
13.2 定时器……130
13.2.1 定时器基本应用……131
13.2.2 定时器综合应用……133
13.3 信号量……136
13.3.1 信号量同步功能……136
13.3.2 信号量互斥功能……138
13.4 互斥锁……141
13.5 综合实验……142
13.6 小结……146

第 14 章 LiteOS 实战实验……147

14.1 IoT 平台配置……147
14.1.1 平台登录与项目创建……147
14.1.2 Profile 定义……150
14.1.3 编解码插件开发……152
14.1.4 设备连接准备……154
14.2 工程代码……155
14.2.1 AT 命令框架……155

14.2.2 通信模组配置……155
14.2.3 驱动代码……156
14.2.4 业务代码……156
14.3 OTA升级……159
14.3.1 环境准备……159
14.3.2 生成升级包……160
14.3.3 上传及升级……162
14.4 小结……164

第15章 LiteOS创新设计……165

15.1 LiteOS内核升级……165
15.2 物联网创新应用……166
15.2.1 基础要求……166
15.2.2 创新应用参考案例——智能门锁……166
15.2.3 创新应用参考案例——智能购物车……167
15.3 小结……168

第1章 物联网操作系统概述

学习目标

① 了解操作系统的基本概念
② 了解实时操作系统的基本概念
③ 了解嵌入式操作系统的基本概念
④ 了解物联网操作系统的基本概念和架构

操作系统（Operating System，OS）是物联网技术的重要组成部分。操作系统对下是管理物联网硬件的核心程序，处理内存管理、系统资源配置、输入输出设备控制、网络与文件系统管理等基本业务；对上提供一个用户与物联网系统交互的接口，用户可以在操作系统之上方便地调用和管理硬件，灵活地开发各类物联网应用软件。如果一个物联网终端设备没有操作系统，则就像计算机没有安装 Windows、Linux 或 iOS 一样，普通用户面对物联网硬件将无从下手，程序开发人员要开发应用也难上加难。

在物联网操作系统兴起之前，大量操作系统相关技术已开始发展。根据应用需要，操作系统可以从简单到复杂。例如，从微波炉的嵌入式系统到超级计算机的大型操作系统。操作系统也可以从命令行到图像化。例如，从 DOS 的命令行界面到 Windows 操作系统的图形用户界面。

然而，现有的操作系统，无论是传统的嵌入式操作系统还是通用计算机操作系统，都无法完全满足物联网设备的需求。其原因主要包括：物联网终端设备的小型化需要超轻量级的操作系统内核和超长的待机时间；物联网的广泛应用需要灵活添加和裁剪的组件支持传感和计算；物联网的超大规模需要一个从端到云的整套解决方案。

本章将按历史发展介绍操作系统的基本概念和基本架构，并介绍由传统计算机操作系统衍生出的实时操作系统、嵌入式操作系统及本书的重点——物联网操作系统。通过对本章的学习，读者可以了解到操作系统的发展历史和相关概念，为接下来的学习打下良好的基础。

1.1 操作系统概述

操作系统最初是服务于计算机系统的。计算机操作系统位于计算机用户与计算机硬件之间，目的是为用户提供能够便捷高效地执行程序的环境。

操作系统是一种专门用于管理计算机硬件的软件，其提供适当机制，确保计算机系统的正确运行，并且防止用户程序干扰系统的正常运行。它还为应用程序提供了基础，并且充当计算机用户和计算机硬件的中介。操作系统完成这些任务的方式多种多样。大型机的操作系统主要用于优化硬件使用率。个人计算机（Personal Computer，PC）的操作系统支持复杂游戏、商业应用和这两者之间的其他应用。移动计算机的操作系统为用户提供了一个环境，方便其与计算机进行交互及执行程序。因此，有的操作系统设计关注便捷，有的关注高效，还有的要兼顾两者。

操作系统可以采用许多不同的组织方式，因此其内部结构也有很大差异。设计新的操作系统的任务是艰巨的。在设计开始之前，需要明确界定设计系统的目标，这些目标是选择不同算法和策略的基础。

一个完整的计算机系统可以划分为 4 个主要组成部分：硬件、操作系统、应用程序和用户。常见的硬件包括中央处理器（Central Processing Unit，CPU）、内存（Memory）、输入/输出设备（Input/Output device，I/O device），它们为系统提供基本的计算资源。常见的应用程序包括字处理程序、电子制表软件、编译器、网络浏览器，其规定了用户为解决计算问题而使用这些资源的方式。而操作系统的作用是管理硬件资源，并协调各个用户和应用程序对硬件的使用。

操作系统架构是指操作系统的构成和组织结构。在操作系统的发展过程中，产生了多种多样的系统架构，几乎每一个操作系统在架构上都有自己的特点。从总体上看，根据出现的时间，操作系统架构依次可以分为整体式结构、模块化结构、层次结构和微内核结构。

1. 整体式结构

整体式结构也称简单结构或无结构，在早期设计开发操作系统时，设计者只是把注意力放在实现功能和获得高的效率上。整个操作系统的功能由一个一个的过程来实现，这些过程之间又可以相互调用，导致操作系统变为一堆过程的集合，其内部结构复杂又混乱。因此，这种操作系统没有架构可言。

早期的整体式结构的最大优点是接口简单直接，系统效率高。但是其也有很多缺点：没有可读性，也不具备可维护性，一旦某一个过程出现问题，凡是与之存在调用关系的过程都要修改，这给调试和维护人员带来了许多麻烦，有时与其修改系统中的错误还不如重新设计开发一个操作系统。因此，这种早期的整体式结构现在已经被淘汰。

2. 模块化结构

模块化结构是指将整个操作系统按功能划分为若干个模块，每个模块实现一个特定的功能。模块之间的通信只能通过预先定义的接口进行。或者说，模块之间的相互关系仅限于接口间参数的传递。

在模块化结构中，模块的划分并不是随意的，而是要遵循一定的原则，即模块之间的关联要尽可能少，模块内部的关联要尽可能紧密。这样划分减少了模块之间的复杂调用关系，使操作系统的架构更清晰；而模块内部各部分联系紧密，使得每个模块都具备独立的功能。

3. 层次结构

所谓层次结构，就是把操作系统所有的功能模块按照功能调用次序分别排成若干层，各层之间的模块只有单向调用关系（例如，只允许上层或外层模块调用下层或内层模块）。分层结构的优点如下。

（1）把功能实现的无序性改成有序性，可显著提高设计的准确性。

（2）把模块的复杂依赖关系改为单向依赖关系，即高层软件依赖于低层软件。

艾兹格・W・迪科斯彻于 1968 年发表的 THE 程序设计系统第一次提出了操作系统的分层结构方法，将整个 THE 系统分为 6 层。

4. 微内核结构

微内核结构是在 20 世纪 90 年代发展起来的，是以客户机、服务器体系结构为基础，并采用面向对象技术的结构，能有效地支持多处理器，非常适用于分布式系统。

微内核是一个能实现操作系统功能的小型内核，其运行在核心态，且常驻内存，它不是一个完整的操作系统，只为构建操作系统提供基础。微内核的常见功能包括进程管理、存储器管理、进程间通信和 I/O 设备管理。微内核结构的操作系统由以下两部分组成。

（1）运行在核心态的内核。

（2）运行在用户态并以客户机-服务器方式运行的进程层。

物联网操作系统通常采用微内核结构。

1.2 实时操作系统

实时操作系统（Real Time Operating System，RTOS）是指当外界事件或数据产生时，能够以足够快的速度予以处理，且处理的结果能在规定时间内控制生产过程或对处理系统做出快速响应，调度一切可利用的资源完成实时任务，并控制所有实时任务协调一致运行的操作系统。能够提供及时响应和高可靠性是其主要特点。

实时操作系统有硬实时和软实时之分：硬实时要求在规定的时间内必须完成操作，这是在操作系统设计时保证的；软实时则只要按照任务的优先级，尽可能快地完成操作即可。举例来说，为确保生产线上的机器人能获取某个物体而设计一个操作系统。在硬实时操作系统中，如果不能在允许时间内完成使物体到达的计算，则操作系统将因错误结束；在软实时操作系统中，生产线仍然能继续工作，但产品的输出会因产品不能在允许时间内到达而变慢，这会使机器人出现短暂的不生产现象。

从某种程度上讲，大部分通用操作系统，如微软的 Windows NT 或 IBM 的 OS/390 都具有实时系统的特征。这就是说，即使一个操作系统不是严格的实时系统，它也能解决一部分实时应用问题。

实时操作系统有下面 3 个基本要求。

（1）多任务。

（2）处理带优先级的进程。

（3）中断的实时响应和支持中断数量。

物联网操作系统属于实时操作系统。

1.3 嵌入式操作系统

嵌入式操作系统（Embedded Operating System，EOS）是指用于嵌入式系统的操作系统，例如，洗衣机、玩具车等带有特定要求的预先定义任务的操作系统。由于嵌入式系统只针对预先定义的任务，因此设计人员能够对它进行优化，减小尺寸并降低成本。但嵌入式操作系统依然是功能完整的操作系统，负责嵌入式系统的全部软、硬件资源的分配、任务调度，控制、协调并发活动，其主要包括与硬件相关的底层驱动软件、系统内核、设备驱动接口、通信协议、图形界面、标准化浏览器等。

事实上，在很早以前，嵌入式这个概念就已经存在了。在通信领域，嵌入式系统在20世纪60年代就用于对电子机械电话交换的控制，其当时被称为“存储式程序控制系统”。

嵌入式计算机的真正发展是在微处理器问世之后。1971年11月，Intel公司成功地把算术运算器和控制器电路集成在一起，推出了第一款微处理器Intel 4004，其后各厂家陆续推出了许多8位、16位的微处理器，包括Intel 8080/8085、8086，Motorola的6800、68000，以及Zilog的Z80、Z8000等。以这些微处理器作为核心所构成的系统，广泛地应用于仪器仪表、医疗设备、机器人、家用电器等领域。

为灵活兼容，系列化、模块化的单板计算机出现了。较流行的单板计算机有Intel公司的iSBC系列、Zilog公司的MCB等。后来人们可以不必从选择芯片开始来设计一台专用的嵌入式计算机，而是只要选择各功能模块即可组建一台专用计算机系统。1976年，Intel公司推出了Multibus，1983年扩展为带宽达40MB/s的MultibusⅡ。1978年，由Prolog设计的简单STD（用户中继拨号）总线广泛应用于小型嵌入式系统。

20世纪80年代可以说是各种总线层出不穷、群雄并起的时代。随着微电子工艺水平的提高，面向I/O设计的微控制器问世，也就是俗称的单片机，其成为嵌入式计算机系统的一支新秀。其后的DSP产品则进一步提升了嵌入式计算机系统的技术水平，并迅速地渗入到消费电子、医用电子、智能控制、通信电子、仪器仪表、交通运输等各种领域。

20世纪90年代，在分布控制、柔性制造、数字化通信和信息家电等巨大需求的牵引下，嵌入式系统的发展进一步加速。便携式计算机、机顶盒技术相对成熟，发展也较为迅速。特别是掌上电脑，在1997年的美国市场上，便携式计算机不过几个品牌，而1998年年底，各种各样的掌上电脑如雨后春笋般纷纷涌现出来。此外，Nokia推出了智能电话，西门子推出了机顶盒，Wyse推出了智能终端，NS推出了WebPAD。装载在汽车上的小型计算机，不仅可以控制汽车内的各种设备（如音响等），还可以与GPS连接，从而自动操控汽车。

21世纪无疑是网络的时代，使嵌入式计算机系统应用到各类网络中也必然是嵌入式系统发展的重要方向。

嵌入式操作系统具有以下特点。

（1）系统内核小：由于嵌入式系统一般是应用于小型电子装置的，系统资源相对有限，因此其内核较传统的操作系统要小得多。

（2）专用性强：嵌入式系统的个性化很强，其中的软件系统和硬件的结合非常紧密，一般要针对硬件进行系统的移植，即使在同一品牌、同一系列的产品中，也需要根据硬件的变化和增减对软件系统不断进行修改。同时，针对不同的任务，系统往往需要进行较大更改，程序的编译下载要和系统相结合，这种修改和通用软件的“升级”完全是两个概念。

（3）系统精简：嵌入式系统一般没有系统软件和应用软件的明显区分，也不要求其功能设计及实现上过于复杂，这样既利于控制系统成本，又利于保障系统安全。

（4）高实时性：高实时性是嵌入式软件的基本要求。此外，软件要求固态存储，以提高速度；软件代码要求具有质量高和可靠性高的特点。

（5）多任务的操作系统：嵌入式软件开发要想走向标准化，就必须使用多任务的操作系统。嵌入式系统的应用程序可以没有操作系统而直接在芯片上运行，但是为了合理地调度多任务，以及利用系统资源、系统函数和专用库函数接口，用户必须自行选配RTOS开发平台，这样才能保证程序执行的实时性、可靠性，并减少开发时间，保障软件质量。

（6）需要额外的开发工具和环境：嵌入式系统开发需要开发工具和环境。由于其本身不具备自主开发能力，即使设计完成以后用户通常也不能对其中的程序功能进行修改，所以必须有一套开发工具和相应环境才能进行开发，这些工具和环境一般基于通用计算机上的软硬件设备以及各种逻辑分析仪、混合信号示波器等。开发时往往有主机和目标机的概念，主机用于程序的开发，目标机作为最后的执行机，开发时需在主机和目标机之间交替结合进行。

由于物联网终端设备通常是嵌入式设备，因此物联网操作系统属于嵌入式操作系统的范畴。

1.4　物联网操作系统

物联网操作系统是物联网（Internet of Things，IoT）技术的重要组成部分。物联网，顾名思义，就是物物相连的互联网，它在现实生活的各个领域中都扮演着至关重要的角色。

1.4.1　物联网操作系统需求

首先，物联网的基础仍然是互联网，是在互联网基础上延伸的网络；其次，其代表着用户信息交换和通信从人与人之间扩展到了人与物、物与物之间。因此，物联网是通过射频识别装置、红外感应器、全球定位系统、激光扫描器等信息传感设备，按约定的协议，把任何物品与互联网相连接，进行信息交换和通信，以实现对物品的智能化识别、定位、跟踪、监控和管理的一种网络。

物联网大致可分为感知层、网络层（进一步分为网络接入层和核心层）、设备管理层、终端应用层 4 个层次。其中最能体现物联网特征的就是物联网的终端应用层。终端应用层由各种各样的传感器、协议转换网关、通信网关、智能终端、刷卡机（POS 机）、智能卡等终端设备组成。这些终端大部分是具备计算能力的微型计算机。物联网操作系统就是运行在这些终端上，对终端进行控制和管理，并提供统一编程接口的操作系统软件。

与传统个人计算机或个人智能终端（智能手机、平板电脑等）上的操作系统不同，物联网操作系统有其自身特征。这些特征是为了更好地服务物联网应用而存在的，运行物联网操作系统的终端设备，能够与物联网的其他层次结合得更加紧密，使数据共享更加顺畅，大大提升物联网的生产效率。

1.4.2 物联网操作系统发展

1982 年，一群卡内基梅隆大学的学生开发出了网络可乐售卖机，它可以告知冰箱里的存货以及新放入的饮料是不是已经变冰，这台机器被称为第一台网络家电。这群大学生没有想到，自己的这一开发成为了物联网的先驱。目前来看，“物联网 + ”概念使很多新生代词汇涌现，如智慧医疗、智慧城市、智慧工厂等。

但是，不知道读者有没有听说过“物联网 + 操作系统”这种组合？物联网操作系统的诞生只是两者单纯的碰撞吗？显然，没有这么简单。

中国软件行业协会嵌入式系统分会副理事长何小庆在《嵌入式操作系统风云录：历史演进与物联网未来》一书中提到了物联网操作系统的产生背景：互联网为物联网系统搭建了无处不在的互连管道，云计算和大数据的发展为物联网数据处理和分析提供了技术支撑。在嵌入式设备端，32 位微控制单元（Microcontroller Unit，MCU）技术已经成熟，且 32 位 MCU 价格趋于与 8 位/16 位 MCU 接近，其不仅在网关设备上使用，还在传感和执行单元上普遍使用。在 MCU 市场里，ARM Cortex-M 系列的 MCU 占有最主要的份额。ARM 完善的生态环境大大帮助了包括物联网操作系统在内的嵌入式软件的发展。

可以想象，设备端的小型化、低功耗、高安全性的趋势，通信协议之间的灵活转换，应用层对云计算能力的较高要求，更加复杂的设备软件，都成了物联网操作系统被孕育出来的必要条件。

起初，美国加州大学伯克利分校开发了 TinyOS，瑞士计算机科学院网络系统小组开发了 Contiki，这两款传感网操作系统都是最早具备物联网操作系统特征的存在。随后，在 2010 年，实时多任务操作系统在欧洲诞生，其不仅可以运行在小型 MCU 上，还支持微处理器（Microprocessor Unit，MPU），成为物联网操作系统的萌芽。

从技术角度来讲，物联网操作系统的内核技术与现在的嵌入式实时操作系统较为接近。嵌入式实时操作系统的发展为物联网操作系统奠定了坚实的技术基础。例如，谷歌的物联网操作系统 Android Things 的内核就是从其经典的安卓系统裁剪和改良而来的。

当前，还没有一个物联网操作系统能够完全占领市场。知名的物联网操作系统包括谷歌的 Android Things、亚马逊的 AWS IoT、微软的 Windows 10 IoT、华为的 Huawei LiteOS、阿里巴巴的 AliOS Things 等。

1.4.3　物联网操作系统基本组成及特点

一般来说，物联网操作系统由内核、通信支持（Wi-Fi/蓝牙、2/3/4G 等、NFC、RS232/PLC 支持等）、外围组件（文件系统、GUI、JavaScript 引擎等）、集成开发环境等组成，基于此，可衍生出一系列面向行业的特定应用。物联网操作系统与传统的个人计算机操作系统及智能手机类操作系统不同，它具备物联网应用领域内的一些独特特点。

1. 内核的特点

首先，物联网操作系统要求其内核大小有较强的伸缩性，能够适应不同配置的硬件平台。例如，在极端的物联网应用情况下，内核大小必须维持在 10KB 以内，以支撑内存和 CPU 性能都很受限的传感器，此时，内核具备基本的任务调度和通信功能即可。在另外一种极端的情况下，内核必须具备完善的线程调度、内存管理、本地存储、复杂的网络协议、图形用户界面等功能，以满足高配置智能物联网终端的要求，此时的内核大小将不可避免地大大增加，可以达到几百千字节，甚至兆字节级。这种内核大小的伸缩性可以通过两个层面的措施来实现：重新编译和二进制模块选择加载。重新编译措施只需要根据不同的应用目标，选择所需的功能模块，然后对内核进行重新编译。这个措施应用于内核定制非常深入的情况下，如要求内核的大小达到 10KB 以下的场合。而二进制模块选择加载措施用于内核定制不是很深入的情况，这时维持一个操作系统配置文件，文件里列举了操作系统需要加载的所有二进制模块。在内核初始化完成后，会根据配置文件加载所需的二进制模块。这需要终端设备有外部存储器（如硬盘、Flash 等），以存储要加载的二进制模块。

第二，内核的实时性也必须足够强，以满足关键应用的需要。大多数的物联网应用要求操作系统内核具备实时性，如发现入侵立刻报警，这必须在有限的时间内完成，否则将失去意义。内核的实时性包含很多层面的意思，首先是中断响应的实时性，一旦外部中断发生，操作系统必须在足够短的时间内响应中断并做出处理；其次是线程或任务调度的实时性，一旦任务或线程所需的资源或进一步运行的条件准备就绪，必须能够马上得到调度。显然，基于非抢占式调度方式的内核很难满足这些实时性要求。

第三，要求内核架构可扩展性强。物联网操作系统的内核应该设计成一个框架。这个框架定义了一些接口和规范，只要遵循这些接口和规范，就可以很容易地在操作系统内核上增加新的功能和新的硬件支持。因为物联网的应用环境具备普适特性，所以操作系统必须能够扩展以适应新的应用环境。内核应该有一个基于总线或树结构的设备管理机制，可以动态加载设备驱动程序或其他核心模块。同时，内核应该具备外部二进制模块或应用程序的动态加载功能，这些应用程序存储在外部介质上，这样就无需修改内核，只需要开发新的应用程序即可满足特定的行业需求。

第四，内核应足够安全和可靠。可靠性这里不再具体介绍，物联网应用环境具备自动化程度高、人为干预少的特点，这要求内核必须足够可靠，以支撑长时间的独立运行。安全对物联网来说更加关键，甚至关系到国家命脉。例如，一个不安全的内核被应用到国家电网控制当中，一旦被外部侵入，造成的影响将无法估量。为了增强安全性，内核应支持内存保护（VMM 等机制）、异常管理等机制，以在必要时隔离错误的代码。另外一个安全策略就是不开放源代码，或者不开放关键部分的内核源代码。不开放源代码只是一种安全策略，并不代表不能免费使用内核。

最后，内核应节能省电，以支持足够的电源续航能力。操作系统内核应该在 CPU 空闲时降低 CPU 运行频率，或关闭 CPU，对于周边设备，也应该实时判断其运行状态，一旦进入空闲状态，则切换到省电模式。同时，操作系统内核应最大程度地降低中断发生频率，例如，在不影响实时性的情况下，把系统的时钟频率调到最低，以最大可能地节电。

2. **外围模块的特点**

外围模块指为了适应物联网的应用特点，操作系统应该具备的一些功能模块，如远程维护和升级模块等；也指为了扩展物联网操作系统内核的功能范围，而开发的一些功能模块，如文件系统、网络协议栈等。物联网操作系统的外围模块（或外围功能）应该至少具备以下功能。

（1）支持操作系统核心、设备驱动程序或应用程序等的远程升级。远程升级是物联网操作系统的最基本特性，这个特性可大大降低维护成本。远程升级完成后，原有的设备配置和数据能够得以继续使用。即使在升级失败的情况下，操作系统也应该能够恢复到原有的运行状态。远程升级和维护是支持物联网操作系统大规模部署的主要措施之一。

（2）支持常用的文件系统和外部存储，如支持 FAT32/NTFS/DCFS 等文件系统，支持硬盘、USB stick、Flash、ROM 等常用存储设备。在网络连接中断的情况下，外部存储功能会发挥重要作用。例如，可以临时存储采集到的数据，在网络恢复后再上传到数据中心。但文件系统和存储驱动的代码要与操作系统核心代码有效分离，以方便地进行裁剪。

（3）支持远程配置、远程诊断、远程管理等维护功能。这里不仅仅包含常见的远程操作特性，如远程修改设备参数、远程查看运行信息等，还应该包含更深层面的远程操作，例如，可以远程查看操作系统内核的状态、远程调试线程或任务、异常时的远程 dump 内核状态等功能。这些功能不仅仅需要外围应用的支持，更需要内核的天然支持。

（4）支持完善的网络功能。物联网操作系统必须支持完善的 TCP/IP 栈，包括同时支持 IPv4 和 IPv6。这个协议栈要具备灵活的伸缩性，以适应裁剪需要。例如，可以通过裁剪，使得协议栈只支持 IP/UDP 等功能，以缩短代码长度。这个协议栈也要支持丰富的 IP 族，如 Telnet/FTP/IPSec/SCTP 等，以适用于智能终端和高安全可靠的应用场合。

（5）内置支持物联网常用的无线通信功能。例如，支持 GPRS/3G/HSPA/4G 等公共网络的无线通信功能，同时支持 ZigBee/NFC/RFID 等近场通信功能，支持 WLAN/Ethernet 等桌面网络接口功能。这些不同的协议之间要能够相互转换，能够把从一种协议获取到的数据报文转换成为另一种协议的报文发送出去。除此之外，其还应支持短信息的接收和发送、语音通信、视频通信等功能。

（6）内置支持 XML 文件解析功能。物联网时代，不同行业之间，甚至相同行业的不同领域之间，都会存在严重的信息共享壁垒。而 XML 格式的数据共享可以打破这个壁垒，因此 XML 标准在物联网领域会得到广泛的应用。物联网操作系统要内置对 XML 文件解析的支持，所有操作系统的配置数据统一使用 XML 格式进行存储。同时，应可对行业自行定义的 XML 格式进行解析，以完成行业转换功能。

（7）可支持 GUI 功能。部分物联网智能终端有图形用户界面要求，提供用户和设备之间的人性化交互。GUI 应该定义一个完整的框架，以方便图形功能的扩展。同时，GUI 应该实现常用的用户界面元素，如文本框、按钮、列表等。另外，GUI 模块应该与操作系统核心分离，最好支持二进制的动态加载功能，即操作系统核心根据应用程序需要，动态加载或卸载 GUI 模块。GUI 模块的效率要足够高，从用户输入确认到具体的动作开始执行之间的时间要足够短，不能出现用户确定了操作但任务的执行却等待很长时间的情况。

（8）支持从外部存储介质中动态加载应用程序的功能。物联网操作系统应提供一组 API，供不同应用程序调用，而且这一组 API 应该根据操作系统所加载的外围模块实时变化。例如，在加载了 GUI 模块的情况下，需要提供 GUI 操作的系统调用，但是在没有 GUI 模块的情况下，就不应该提供 GUI 功能调用。同时，操作系统、GUI 等外围模块、应用程序模块应该二进制分离，操作系统能够动态地从外部存储介质上按需加载应用程序。这样的结构可使得整个操作系统具备强大的扩展能力。操作系统内核和外围模块（GUI、网络等）提供了基础支持，而各种各样的行业应用通过应用程序来实现。最后，在软件发布时，只发布操作系统内核、所需的外围模块、应用程序模块即可。

3. 集成开发环境的特点

集成开发环境是构筑行业应用的关键工具，物联网操作系统必须提供方便灵活的开发工具，以开发出适合行业应用的应用程序。开发环境必须足够成熟并广泛适用，以缩短应用程序的上市时间。物联网操作系统的集成开发环境必须具备如下特点。

（1）物联网操作系统要提供丰富灵活的 API，以供程序开发人员调用。这组 API 应该能够支持多种语言，如既支持 C/C++，又支持 Java 等程序设计语言。

（2）最好充分利用已有的集成开发工具，例如，Eclipse、Visual Studio、Keil 等，这些集成开发工具具备广泛的应用基础，可以在 Internet 上直接获得良好的技术支持。

（3）物联网操作系统要提供一组工具，以方便应用程序的开发和调试。例如，提供应用程序下载工具、远程调试工具等，支撑整个开发过程。

可以看出，上述物联网操作系统内核、外围模块、应用开发环境等都是支撑平台，支撑更上一层的行业应用。行业应用才是最终产生生产力的软件，但是物联网操作系统是行业应用得以茁壮生长和长期有效生存的基础，只有具备了强大灵活的物联网操作系统，物联网这棵大树才能结出丰硕的果实。

1.5 物联网操作系统架构

物联网操作系统并没有统一的系统架构，本书将以 Huawei LiteOS 为例来介绍物联网操作系统架构。

1.5.1 Huawei LiteOS 简介

2015 年 5 月 20 日，在 2015 华为网络大会上，华为发布了敏捷网络 3.0，主要包括最轻量级的物联网操作系统 LiteOS、敏捷物联网关、敏捷控制器 3 部分。时任华为战略 Marketing 总裁的徐文伟介绍："LiteOS 体积只有 10KB 级，而且开源，使智能硬件开发变得更加简单。"

官方资料显示，Huawei LiteOS 自开源社区发布以来，围绕 NB-IoT 物联网市场从技术、生态、解决方案、商用支持等多维度使能合作伙伴，构建开源的物联网生态，共同推出一批开源开发套件和行业解决方案，帮助众多行业客户快速地推出物联网终端和服务，客户涵盖抄表、停车、路灯、环保、共享单车、物流等众多行业，加速了物联网产业发展和行业数字化转型。NB-IoT 技术也是华为最早推进的联网技术，围绕 LiteOS 和 NB-IoT 技术共同打造生态，更加事半功倍。

截至 2019 年 7 月，Huawei LiteOS 支持的华为手机、智能手表、IP 摄像头等产品累计出货量超过亿台。使用 Huawei LiteOS 的智能猫眼、智能门铃、安防摄像头等物联网领域产品出货量已经超过 1000 万台。

1.5.2 Huawei LiteOS 架构

Huawei LiteOS 的架构如图 1-1 所示，其遵循 BSD-3 开源许可协议，可广泛应用于智能家居、个人穿戴、车联网、城市公共服务、制造业等领域，大幅降低设备布置及维护成本，有效降低开发门槛、缩短开发周期。

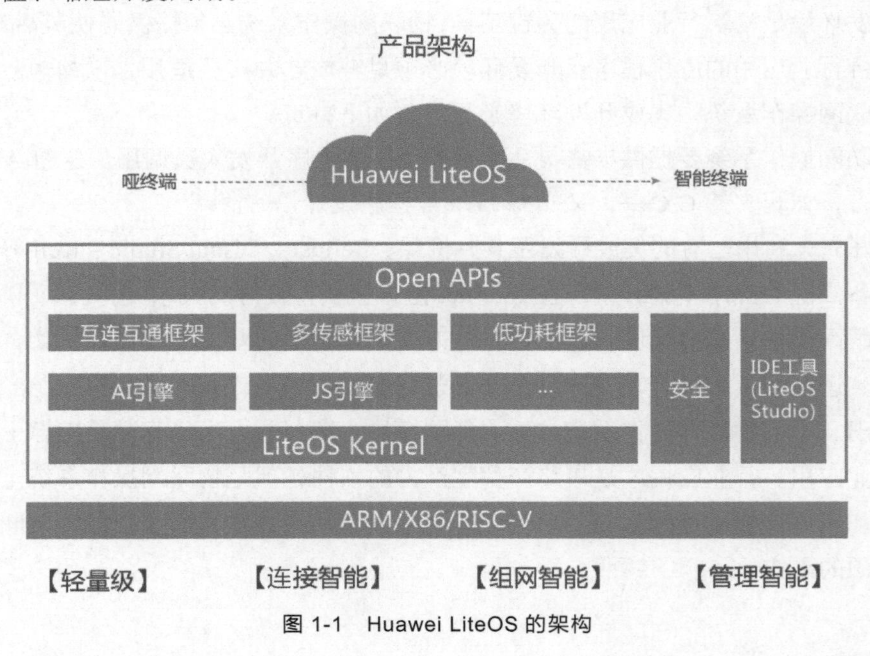

图 1-1　Huawei LiteOS 的架构

它包括以下关键特性。

（1）低功耗框架：LiteOS 是轻量级的物联网操作系统，最小内核大小仅 6KB，具备快速启动、低功耗等优势，Tickless 机制显著降低了传感器数据采集功耗。

（2）OpenCPU 架构：专为 LiteOS 小内核架构设计，满足硬件资源受限需求，如低功率广域（Low-Power Wide Area，LPWA）场景下的水表、气表、车检器等，通过 MCU 和通信模组二合一的 OpenCPU 架构，显著减小了终端体积并降低了终端成本。

（3）安全性设计：支持双向认证、FOTA 固件差分升级、DTLS/DTLS+等，构建低功耗安全传输机制。

（4）端云互通组件：LiteOS SDK 端云互通组件是终端对接到 IoT 云平台的重要组件，集成了 LwM2M、CoAP、MQTT、mbed TLS、LwIP 等全套 IoT 互连互通协议栈，大大缩短了开发周期，可快速入云。

（5）SOTA 远程升级：使用 SOTA 远程升级功能，通过差分方式可减小升级包的大小，更能适应低带宽网络环境和电池供电环境。经过特别优化差分合并算法，对 RAM 资源要求更少，可满足海量低资源终端的升级诉求。

（6）LiteOS Studio：LiteOS Studio 是 LiteOS 集成开发环境，是一站式开发工具，能支持 C、C++、汇编等语言，让用户快速、高效地进行物联网开发。

Huawei LiteOS 是一套开源的物联网操作系统，任何感兴趣的用户都可以直接从 Huawei LiteOS 官网下载此操作系统的源代码。Huawei LiteOS 已支持 ARM Cortex-M0、Cortex-M3、Cortex-M4、Cortex-M7 等常见计算芯片，并有多种集成开发套件可供用户学习使用。

1.6　小结

操作系统是一种专门用于管理计算机硬件的软件，其提供了适当机制，以确保计算机系统的正确运行，并防止用户程序干扰系统的正常运行。它还为应用程序提供了基础，并且充当计算机用户和计算机硬件的中介。

微内核是一个能实现操作系统功能的小型内核，其运行在核心态，且常驻内存。它不是一个完整的操作系统，只是为构建操作系统提供基础。

实时操作系统是指当外界事件或数据产生时，能够以足够快的速度予以处理，且处理的结果能在规定时间内控制生产过程或对处理系统做出快速响应，调度一切可利用的资源完成实时任务，并控制所有实时任务协调一致运行的操作系统。能够提供及时响应和高可靠性是其主要特点。

嵌入式操作系统是指用于嵌入式设备的预先定义任务的操作系统。

物联网是一种嵌入式的实时操作系统，由内核、通信支持、外围组件、集成开发环境等组成。当前，还没有一个物联网操作系统能够完全占领市场。知名的物联网操作系统包括谷歌的 Android Things、亚马逊的 AWS IoT、微软的 Windows 10 IoT、华为的 Huawei LiteOS、阿里巴巴的 AliOS Things 等。

第 2 章 任务管理

02

学习目标

① 掌握进程、线程、任务的基本概念
② 理解任务管理的原理
③ 掌握任务调度的具体过程
④ 了解任务间如何通过消息队列进行通信

在物联网操作系统中，任务是可调度可执行可分配资源的最小单元。一个完整的物联网应用往往会由多个任务组成，任务间按照优先级抢占，并辅以时间片轮转的方式进行调度。任务的操作和维护包括创建、删除、调用、挂起、恢复等。任务间的交互可以通过消息或事件进行。

本章将介绍物联网操作系统任务管理的相关知识，包括进程、线程和任务的基本概念；任务管理的原理；任务的调度和任务的运行；任务之间信息交互的方法。

2.1 任务管理基本概念

计算机或物联网终端设备的功能实际上是由多个应用程序共同完成的，而操作系统起到的作用就是对所有应用程序进行控制，为每个应用程序实例分配资源，并按照一定的业务逻辑进行调度执行。这些被调度的实例单元在非实时操作系统中称为进程，在实时操作系统中称为任务。

2.1.1 进程与线程

进程是操作系统的基础，它被定义为正在运行的程序的一个实例。在非实时操作系统中，每一个进程都有它自己的虚拟地址空间，与物理内存之间存在映射关系。一般情况下，一个进程的虚拟地址空间包括文本区域、数据区域和堆栈区域。文本区域存储处理器执行的代码，数据区域存储变量和进程执行期间使用的动态分配的内存，堆栈区域存储活动过程调用的指令和本地变量。

线程是进程中的一个实体，是被系统独立调度和分派的基本单位。一个标准的线程由线程ID、当前指令指针、寄存器集合和堆栈组成。另外，线程只是被分配在运行中必不可少的最小资源，但它可与同属一个进程的其他线程共享所拥有的全部资源。

进程与线程有着明显的区别。首先，线程是程序执行的最小单位，而进程是操作系统分配资源的最小单位。其次，一个进程由一个或多个线程组成，线程是一个进程中代码的不同执行路线。最后，进程之间相互独立，但同一进程下的各个线程之间共享程序的内存空间（包括代码段、数据集、堆等）及一些进程级的资源（如打开文件和信号等），某进程内的线程对其他进程是不可见的。

2.1.2 任务

作为一种实时操作系统，物联网操作系统中没有虚拟地址空间的概念，所有地址相关的操作直接使用物理内存地址。因此，进程的概念在物联网操作系统中不适用，任务才是物联网操作系统内核的基本执行单元，其概念基本等价于非实时操作系统中的线程。

从系统的角度看，任务是竞争系统资源的最小运行单元。任务可以使用或等待 CPU、使用内存空间等系统资源，并独立于其他任务运行。在多任务环境下，多个任务在单个 CPU 上并发执行，从宏观上可以看作单个 CPU 同时执行多个任务，从微观上看则是 CPU 通过快速的任务切换来实现并发。

物联网操作系统是典型的多任务操作系统，需要给用户提供多个任务，实现任务之间的切换和通信，帮助用户管理业务程序流程，而用户可以致力于业务功能的实现，具体包括提供任务的创建、删除、延迟、挂起、恢复等功能，以及锁定和解锁任务调度，同时支持任务按优先级高低抢占调度及同优先级时间片轮转调度。后续各节将对这些内容做详细的介绍。

2.2 任务管理原理

任务可以视作由一组元素组成的实体。在任务执行时，任务的元素会随着执行过程而变化。除了基础的程序代码和相关数据集以外，任务还包含以下元素。

（1）标识符：和任务相关的唯一标识符，用于区别于其他任务。

（2）任务名：任务的名称，便于用户对任务进行区分。

（3）任务状态：用于表示任务当前正在执行或在等待。

（4）优先级：任务的优先级代表着任务执行的优先顺序。

（5）上下文栈指针：任务即将被执行的下一条指令的地址。

这些元素信息将被用于管理每一个任务。

2.2.1 任务控制块

任务的信息会存放在一个名为任务控制块（Task Control Block，TCB）的数据结构表中。每一个任务都含有一个 TCB，它可以反映出任务运行情况。当任务被中断并在后来恢复执行时，可以通过 TCB 找到任务之前的全部运行状态，并依此恢复任务，仿佛任务从来没有被打断过一样。

TCB 的信息会在任务创建时一并设置并初始化，随后在操作系统内核调度和任务执行过程中实时记录任务的全部相关信息。可以说，任务是由程序代码、相关数据和 TCB 三者共同组成的。

2.2.2 任务状态

操作系统的基本职责是控制任务的执行，包括确定交替执行的方式和给任务分配资源。在此过程中，任务状态用于描述任务所表现出的行为。

最简单的任务状态分为运行态和未运行态两种。运行态的任务可以占有 CPU 资源进行执行操作，而未运行态的任务则需要等待。当有任务从运行态转换为未运行态时，另一个任务就会转换成运行态。所有任务会加入到一个等待队列中，依次进入运行态。这两种状态的模型简单易懂，但明显存在诸多问题，在调度时有很多不便之处。

因此，部分物联网操作系统提出了细化的多样性任务状态，将状态数量从两个增加到了四个，这有利于内核辨析任务状态，进行调度。4 种任务状态如下。

（1）就绪态（Ready）：该任务在就绪列表中，只等待 CPU。

（2）运行态（Running）：该任务正在执行。

（3）阻塞态（Blocked）：该任务不在就绪列表中，包含任务被挂起、任务被延时、任务正在等待信号量、读写队列或等待读写事件等情形。

（4）退出态（Dead）：该任务运行结束，等待系统回收资源。

图 2-1 展示了任务在 4 种状态间的迁移。

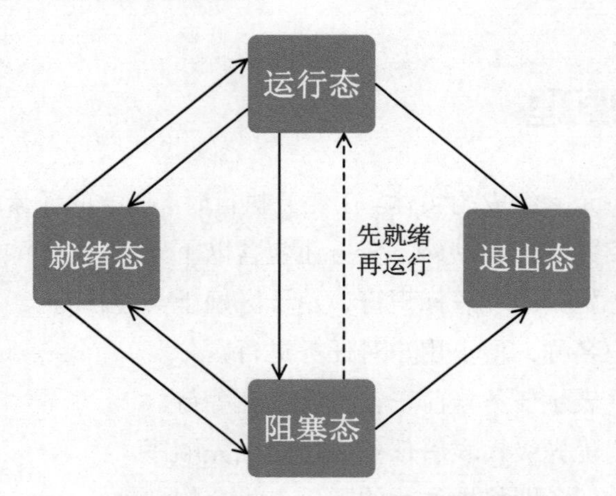

图 2-1　任务在 4 种状态间的迁移

（1）就绪态→运行态：任务创建后进入就绪态，发生任务切换时，就绪列表中最高优先级的任务被执行，从而进入运行态，但此刻该任务依旧在就绪列表中。

（2）运行态→阻塞态：正在运行的任务发生阻塞（挂起、延时、获取互斥锁、读消息、读信号量等待等）时，该任务会从就绪列表中删除，任务状态由运行态变成阻塞态，并发生任务切换，运行就绪列表中剩余最高优先级任务。

（3）阻塞态→就绪态（阻塞态→运行态）：阻塞的任务被恢复后（任务恢复、延时时间超时、读信号量超时或读到信号量等），被恢复的任务会被加入就绪列表，从而由阻塞态变成就绪态；

此时如果被恢复任务的优先级高于正在运行任务的优先级，则会发生任务切换，将该任务由就绪态变成运行态。

（4）就绪态→阻塞态：任务也有可能在就绪态时被阻塞（挂起），此时任务状态会由就绪态转变为阻塞态，该任务从就绪列表中删除，不会参与任务调度，直到该任务被恢复。

（5）运行态→就绪态：有更高优先级任务创建或恢复后，会发生任务调度，此刻就绪列表中最高优先级任务变为运行态，那么原先运行的任务即由运行态变为就绪态，依然在就绪列表中。

（6）运行态→退出态：运行中的任务运行结束，内核自动将此任务删除，任务状态由运行态变为退出态。

（7）阻塞态→退出态：阻塞的任务调用删除接口，任务状态由阻塞态变为退出态。

2.2.3　任务栈

每一个任务都拥有一个独立的栈空间，人们称之为任务栈。栈空间里保存的信息包含局部变量、CPU 寄存器中的内容、函数参数、函数返回地址等。任务栈的作用主要表现在以下两点。

（1）当任务切换或响应中断时，任务栈用于保存 CPU 寄存器中的内容，当任务挂起时，将 CPU 寄存器的内容压入堆栈，恢复时再弹出来给 CPU 寄存器。

（2）当任务运行时，任务栈用于保存一些局部变量、函数参数等。

以 Huawei LiteOS 为例，允许用户指定任务栈大小。若指定的任务栈大小为 0，则使用默认的任务栈大小。任务栈的大小按 8 字节大小对齐。

2.2.4　任务优先级

任务优先级是多任务操作系统的重要指标。任务优先级表示任务执行的优先顺序，决定了在发生任务切换时即将要执行的任务。当任务有不同的优先级时，任务执行顺序不再遵循先进先出（First In First Out，FIFO）原则，而是在就绪列表中挑选最高优先级的任务执行。开发人员可以根据业务逻辑设置不同的优先级，实现更加丰富的功能。

以 Huawei LiteOS 为例，任务一共有 32 个优先级（0～31），最高优先级为 0，最低优先级为 31。任务优先级在任务创建时给定，也可在执行过程中进行动态调整。

2.3　任务调度

使所有任务按照其优先级顺序执行的过程称为任务调度。一般情况下，高优先级任务需要先于低优先级任务执行完毕。任务调度并非事先找到一个固有执行顺序，而是一个动态的过程，因为随时会有新建的任务加入，所以需要实时调度。对于实时操作系统而言，任务调度直接影响其实时性能。

2.3.1 任务上下文

任务在运行过程中使用到的一些资源，如寄存器等，被称为任务上下文。当一个任务挂起时，其他任务继续执行，在任务恢复后，如果没有把任务上下文保存下来，则任务切换有可能会修改寄存器中的值，从而导致未知错误。

因此，任务挂起时需要将本任务的上下文信息保存在任务栈中，以便任务恢复后，从栈空间中恢复挂起时的上下文信息，继续执行被挂起时被打断的代码。

2.3.2 任务切换

任务切换包含获取就绪列表中最高优先级任务、切出任务上下文保存、切入任务上下文恢复等动作。完整的任务切换步骤如下。

（1）保存任务上下文环境，包括程序计数器和其他寄存器。

（2）更新当前处于运行态任务的任务控制块，包括将任务的状态改变为另一个状态（就绪态、阻塞态或退出态）。此外，还必须更新其他相关域，包括离开运行态的原因和记账信息。

（3）将任务的任务控制块移到相应的队列中。

（4）从就绪列表中获取最高优先级的任务并执行。

（5）更新所选择任务的任务控制块。

（6）更新内存管理的数据结构。

（7）恢复处理器在被选择的任务最近一次切换出运行状态时的上下文环境，这可以通过载入程序计数器和其他寄存器以前的值来实现。

2.3.3 调度算法

物联网操作系统的基本任务调度算法包括抢占式调度机制和时间片轮转调度机制。

在抢占式调度中，任务会一直运行直到遇到阻塞式的 API 函数，或者被高优先级任务抢占。

时间片轮转调度是一种经典、简单、公平，且广泛使用的调度算法。每个进程被分配一个时间段，称为时间片，即该进程允许运行的时间。如果在时间片结束时进程还在运行，则 CPU 将被剥夺并分配给另一个进程。如果进程在时间片结束前阻塞或结束，则 CPU 当即进行切换。调度程序所要做的就是维护一张就绪进程列表，当任务用完其时间片后，它就被移到队列的末尾。

2.4 任务运行

任务的生存期始终围绕着任务的创建和终止。

2.4.1 任务创建

用户创建任务时，系统会对任务栈进行初始化，预置上下文。此外，系统还会将任务入口函数地址放在相应位置。这样，在任务第一次启动进入运行态时，将会执行任务入口函数。

以 Huawei LiteOS 为例，其支持 LOS_TaskCreateOnly 和 LOS_TaskCreate 两种任务创建方

法。其中，LOS_TaskCreateOnly 创建任务时会使该任务进入 suspend 状态，不进行任务调度；LOS_TaskCreate 创建任务时会使该任务进入就绪态，从而进行任务调度。LOS_TaskCreate 函数的相关参数如下。

```
/*****************************************************************************
 Function : LOS_TaskCreate
 Description : Create a task
 Input       : pstInitParam —— Task init parameters
 Output      : puwTaskID    —— Save task ID
 Return      : LOS_OK on success or error code on failure
*****************************************************************************/
LITE_OS_SEC_TEXT_INIT UINT32 LOS_TaskCreate(UINT32 *puwTaskID, TSK_INIT_PARAM_S
*pstInitParam)
```

在 LOS_TaskCreate 函数中的输入参数 pstInitParam 中，提供了任务初始化时所需要的必要信息，包括任务优先级、任务栈大小、任务入口函数位置等。

创建新任务时，会对自删除任务的任务控制块和任务栈进行回收，非自删除任务的控制块和栈在任务删除的时候已经回收。

2.4.2　任务终止

以 Huawei LiteOS 为例，使用 LOS_TaskDelete 删除指定的任务，内容如下。

```
/*****************************************************************************
 Function : LOS_TaskDelete
 Description : Delete a task
 Input       : uwTaskID —— Task ID
 Output      : None
 Return      : LOS_OK on success or error code on failure
*****************************************************************************/
LITE_OS_SEC_TEXT_INIT UINT32 LOS_TaskDelete(UINT32 uwTaskID)
```

该函数通过任务 ID 来确认需要删除的任务。需要注意的是，如果该任务当前正在运行而且任务调度器处于封锁状态，则删除操作会出错。

删除任务时，指定任务的任务控制块从队列中移除，任务控制块的相关字段被修改，但任务所占据的空间不会被立即释放。

2.5　任务间通信

多任务作业时，任务与任务之间有时需要进行通信以实现信息交互。例如，一个任务专门负责采集传感器数据，并把数据交给另一个任务进行处理。为应对这类需求，物联网操作系统需要在任务之间建立联络渠道，进行信息传输。在诸多方法中，最常用的就是消息队列。

2.5.1　消息队列

消息队列是一种常用于任务间通信的数据结构，用于接收来自任务或中断的非固定长度消息，并根据不同的接口选择消息是否存放在自己的空间中。任务能够向队列中写入消息，也可以从队列中读取消息。当队列中的消息是空时，读取任务会被挂起；当队列中有新消息时，挂起的读取任务被唤醒并处理新消息。

消息队列的异步处理机制允许将一个消息以先进先出的方式放入队列，但并不立即处理它，起到了缓冲消息的作用。多个任务可以在多个消息队列上接收和发送消息，且支持超时机制。发送消息类型可自由制定，在不超过队列结点最大值的前提下可以在同一个消息队列中传输不同长度的消息。

以 Huawei LiteOS 为例，消息队列通过一个队列控制块对队列状态和消息读写进行控制，具体定义如下。

```
typedef struct tagQueueCB
{
    UINT8        *pucQueue;        /**< 队列指针 */
    UINT16       usQueueState;     /**< 队列状态 */
    UINT16       usQueueLen;       /**< 队列中的消息个数 */
    UINT16       usQueueSize;      /**< 消息结点大小 */
    UNIT16       usQueueID;        /**< 队列 ID */
    UINT16       usQueueHead;      /**< 消息头结点位置（数组下标）*/
    UINT16       usQueueTail;      /**< 消息尾结点位置（数组下标）*/
    UINT16       usReadWritableCnt[2];  /**< 队列中可写或可读消息数，0 表示可读，1 表示可写*/
    LOS_DL_LIST stReadWritableList[2];    /**< 读写阻塞队列，0 表示读阻塞队列，1 表示写阻塞队列*/
    LOS_DL_LIST stMemList;         /**< MailBox 模块使用 */
} QUEUE_CB_S;
```

队列控制块中包含如下信息。

（1）队列指针：消息队列的地址，即存放消息的地址。

（2）队列状态：表示该队列的使用情况，是否在使用。

（3）队列中的消息个数：队列总长。

（4）消息结点大小：每个消息占用的内存大小。

（5）队列 ID：队列标识号，用于区别于其他消息队列。

（6）消息头、尾结点位置：Head 和 Tail 指针，用于标识读信息和写信息的地址。

（7）可读可写消息数：队列中已有的可读或可写消息数量。

（8）读写阻塞队列：被消息队列阻塞的任务。

2.5.2 运作原理

图 2-2 展示了消息队列的读写操作。消息队列为一个固定长度的数组，每一个数组元素的大小为信息大小。消息队列通过两个指针分别指向读消息地址 Head 和写消息地址 Tail，指针移动至末尾时回到队列起点。Head 至 Tail 之间的结点存有消息，其他结点空闲。

初始创建消息队列后，系统根据用户传入的队列长度和消息结点大小来开辟相应的内存空间供该队列使用。Head 和 Tail 指针都会指向队列起始地址。

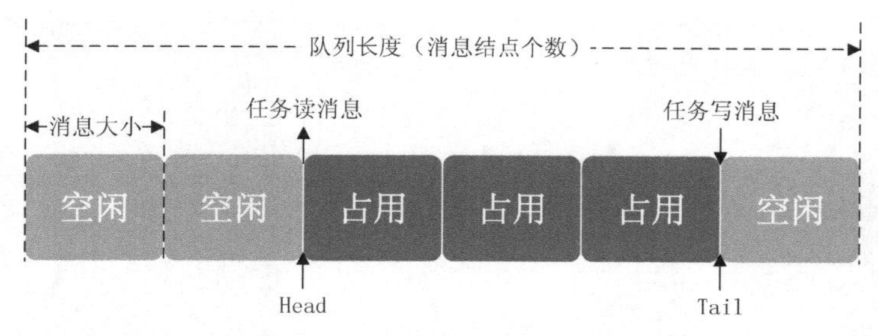

图 2-2　消息队列的读写操作

写消息时，消息队列会根据 Tail 指针向指定地址写入消息内容，随后 Tail 指针移动至下一个消息结点。如果 Tail 已经指向队列尾，则采用回卷方式。若移动后的消息结点被占用，说明消息队列已满，此时不能再向该队列中写入消息。3 种写消息接口分别为写入消息地址、写入消息数值、在队列头写入消息。

读消息时，消息队列会读取 Head 指针地址上的内容，在读取完毕后清空该消息块并将 Head 指针移动至下一个消息结点。如果 Head 已经指向队列尾，则采用回卷方式。若读取时 Head 指向空闲消息结点，则说明此时队列为空，需要等待新消息的进入，读取任务会被挂起。

删除队列时，消息队列会根据传入的队列 ID 寻找到对应的队列，把队列状态置为未使用，释放原队列所占的空间，对应的队列控制头置为初始状态。

2.6　小结

在物联网操作系统中，任务是竞争系统资源的最小运行单元，一个任务表示一个线程。物联网操作系统是多任务操作系统，提供任务的创建、删除、延迟、挂起、恢复等功能，以及锁定和解锁任务调度，支持任务按优先级高低抢占调度及同优先级时间片轮转调度。

每一个任务存在就绪、阻塞、运行、退出 4 种状态。系统初始化完成后，创建的任务就可以在系统中竞争一定的资源，由内核进行调度。每一个任务都拥有一个独立的任务栈，栈空间里保存着任务运行所需要的必要信息。此外，每个任务通过任务控制块来记录一些任务有关属性的数据结构表，反映出任务运行情况。

任务之间通过消息队列进行信息传输，实现任务间的通信。每个任务都可以在任意消息队列上接收和发送消息，多个任务可以同时在一个消息队列上接收和发送信息。消息队列可以将消息缓存在队列中进行缓冲，以实现异步处理机制。

第 3 章 任务同步

学习目标

① 了解任务同步的概念和临界区问题
② 了解任务同步软件和硬件的主流实现方法
③ 了解互斥锁、信号量和事件通信的概念
④ 掌握避免和恢复死锁的方法

多任务环境下会存在多个任务访问同一公共资源的场景以及任务之间相互等待制约的场景，这种场景下会出现任务间的互斥和同步问题，统称为任务同步问题。未处理好任务同步问题可能导致内存读写异常、任务逻辑紊乱等。操作系统通常会使用信号量及事件标志组等机制来保证任务同步，控制多任务对公共资源的访问权限及任务执行逻辑。

本章将先介绍任务同步的背景和临界区问题；再介绍任务同步在软件和硬件上的不同实现方法，并介绍实现任务同步的机制——信号量、互斥锁及事件标识；最后介绍任务同步中可能出现的死锁问题，并介绍任务的原子操作。

3.1 任务同步背景

在多任务操作系统中，任务被交替执行，表现出一种并发执行的外部特征。然而，在单处理器的情况下，任务的相对执行速度不可预测，它取决于其他任务的活动、操作系统处理中断的方式及操作系统的调度策略，这就带来了下列困难。

（1）全局资源的共享存在潜在风险。例如，如果两个任务都使用同一个全局变量，并且都对该变量执行读写操作，那么不同的读写执行顺序会产生不同的执行结果，这可能导致部分任务出错。

（2）操作系统很难对任务进行最优化分配。例如，某一任务请求使用一个特定的 I/O 通道，并获得控制权，但它在使用这个通道前被阻塞了，可操作系统仍然锁定这个通道，以防止其他任务使用，这种情况就可能导致死锁。

在这样的背景下，任务之间的同步和互斥就显得尤其重要。为了避免一个任务中的敏感数据被另一个任务修改，在程序中往往需要显式地使用任务同步机制来保证任务运行环境的安全。

操作系统为多任务的同步和互斥提供了多种机制，包括互斥锁、读写锁、自旋锁、事件标识和信号量等。

任务的同步是指系统中一些任务需要在时间上相互合作，共同完成一项应用。例如，一个任务运行到某一点时，需要另一个任务为它提供消息，在未获得消息之前，该任务会一直处于阻塞态，在获得消息后被唤醒进入就绪态。典型的例子是公共汽车上司机与售票员的合作。只有当售票员关门之后司机才能启动车辆，只有司机停车之后售票员才能打开车门。司机和售票员的行动需要一定的协调性。同样，两个任务之间有时也有这样的依赖关系，因此要有一定的同步机制保证它们的执行次序。

任务的互斥是指一个任务在一个临界区访问共享资源时，其他任务不能进入该临界区访问任何共享资源。通常情况是两个或两个以上的任务不能同时进入临界区，否则就会导致数据的不一致，产生与时间有关的错误。解决互斥问题应该满足互斥和公平两个原则，即任意时刻只能允许一个任务处于同一共享变量的临界区，且不能让任何任务无限期地等待。

显然，同步是一种更为复杂的互斥，而互斥是一种特殊的同步。也就是说，互斥是两个任务不可以同时运行，它们会相互排斥，必须等待一个任务运行完毕，另一个任务才能运行；而同步不是不能同时运行，是必须要按照某种次序来运行相应的任务。

3.2 临界区问题

在共享资源（如共用设备或共用存储器等）中，一些资源存在着无法同时被多个任务访问的特性，一次只允许一个任务调用，这类资源被称为临界资源。每个任务中访问临界资源的代码段被称为临界区。当有任务进入临界区时，其他任务在试图访问相同临界资源时必须等待，有一些同步的机制必须在临界区的进入点与离开点实现，以确保这些共用资源是被互斥使用的。

在使用临界区时，一般不允许运行时间过长。只要进入临界区的任务还没有离开，其他所有试图进入此临界区的任务都会被挂起而进入到阻塞态，并会在一定程度上影响程序的运行性能。尤其需要注意的是，不要将等待用户输入或其他外界干预的操作包含到临界区中。如果进入了临界区却一直没有释放，同样会引起其他线程的长时间等待。换句话说，在执行了进入临界区的操作后，无论发生什么，都必须确保与之匹配的离开临界区操作能够被执行到。

为禁止两个进程同时进入临界区，同步机制应遵循以下准则。

（1）空闲让进：临界区空闲时，可以允许一个请求进入临界区的进程立即进入临界区。

（2）忙则等待：当已有进程进入临界区时，其他试图进入临界区的进程必须等待。

（3）有限等待：对请求访问的进程，应保证其能在有限时间内进入临界区。

（4）让权等待：当进程不能进入临界区时，应立即释放处理器，防止进程忙等待。

3.3 同步方案

根据实现逻辑的不同，解决任务同步问题的方案可大体分为软件同步和硬件同步两种。

软件同步方案在代码逻辑中控制对临界区的访问，大多通过在进入区设置和检查一些标志来确认是否有任务在临界区中，如果已有任务在临界区，则在进入区通过循环检查或任务挂起进行等待，任务离开临界区后则在退出区修改标志。

硬件同步方案则是借由计算机提供特殊的硬件指令，通过硬件支持实现任务同步。使用硬件方法相对简单，且容易验证其正确性，但硬件方法会耗费大量处理器时间，且任务进入临界区的顺序随机，容易产生“饥饿”现象。

3.3.1 软件同步

任务同步的软件实现方法有单标志法、双标志先检查法、双标志后检查法、Peterson 算法等。

1. 单标志法

```
// P0 任务                              // P1 任务
while(turn!=0);                         while(turn!=1);        // 进入区
critical section;                       critical section;      // 临界区
turn=1;                                 turn = 0;              // 退出区
remainder section;                      remainder section;     // 剩余区
```

在单标志法中，为实现多个任务（以任务编号为 P0、P1 的两个任务为例）的同步，设置单一公有整型变量 turn 来标志出当前被允许运行的任务编号。若 turn 的值为 0，则 P0 任务开始运行，即进入临界区，此时 P1 任务由于 turn 的值不为 1 而只能停留在进入区，这样可确保只有一个任务可以在临界区运行。当 P0 的临界区命令执行结束后，设置 turn 为 1，即允许 P1 任务运行，之后运行剩余区代码，由于剩余区代码中使用的变量与 P1 任务无关，因此不会因同时运行 P1 任务而造成混乱。

单标志法违背了“空闲让进”原则。当 P0 不再进入临界区时，P1 也无法进入临界区，从而造成资源的利用不充分。

2. 双标志先检查法

```
// Pi 任务                              // Pj 任务
while(flag[j]);                         while(flag[i]);        // 进入区
flag[i]=TRUE;                           flag[j] =TRUE;
critical section;                       critical section;      // 临界区
flag[i] = FALSE;                        flag[j] = FALSE;       // 退出区
remainder section;                      remainder section;     // 剩余区
```

为解决单标志法资源利用不充分的问题，人们提出了双标志先检查法。在双标志先检查法中，在运行一个任务的临界区代码之前，需先查看临界区的资源是否被其他任务所占用，若是，则等待至临界区全部资源被释放。为实现此功能，设置标志数组 flag。flag[i]为 True 表示任务 Pi 正运行至临界区。当任务 Pj 检测到 flag[i]为 True 时则需等待，在 Pj 运行至自己的临界区之前需将 flag[j]设置为 True，以防止其他任务进入临界区，临界区运行结束后再将flag[j]设置为 False，以允许其他任务进入临界区。

该方法解决了资源利用不充分的问题（即满足“空闲让进”原则），但存在多个任务同时进入临界区的可能性（违背“忙则等待“原则）。当 Pi 和 Pj 同时检测到 flag[j]、flag[i]为 False 时，两个任务将同时设置 flag[i]、flag[j]为 True 并运行临界区代码，这会造成混乱。

3. 双标志后检查法

```
// Pi 任务                          // Pj 任务
flag[i] =TRUE;                      flag[j] =TRUE;
while(flag[j]);                     while(flag[i]);      // 进入区
critical section;                   critical section;    // 临界区
flag[i] =FLASE;                     flag [j] =FLASE;     // 退出区
remainder section;                  remainder section;   // 剩余区
```

双标志后检查法与双标志前检查法类似，区别仅在于“上锁”与“检查”的顺序。在双标志后检查法中，当任务 Pi 尝试运行时，先将 flag[i]设置为 True，即通知其他任务 Pi 正在运行（从而防止其他任务进入临界区），再检查 flag[j]是否为 True，即自己是否可以进入临界区。这使得双标志后检查法符合“忙则等待”原则，但违背了“空闲让进”和“有限等待”原则，可能导致“饥饿”现象。当 Pi 与 Pj 同时设置 flag[i]、flag[j]为 True 时，Pi 与 Pj 紧接着同时等待 flag[j]、flag[i]被设为 False，从而进入无限等待，即出现“饥饿”现象。

4. Peterson 算法

```
// Pi 任务                          // Pj 任务
flag[i]=TURE; turn=j;               flag[j] =TRUE; turn=i;
while(flag[j]&&turn==j);            while(flag[i]&&turn==i); // 进入区
critical section;                   critical section;        // 临界区
flag[i]=FLASE;                      flag[j]=FLASE;           // 退出区
remainder section;                  remainder section;       // 剩余区
```

Peterson 算法同时设置了标志数组 flag（flag[i]为 True 表示 Pi 正在运行）和公有变量 turn（记录不可进入临界区的任务编号）。Pi 尝试运行时，先将 flag[i]设为 True 以通知其他任务 Pi 正在运行，再将 turn 的值设为 j，即通知 Pj 不能运行（因为 Pj 与 Pi 使用的资源重合了）；之后 Pi 进行检查，当 Pj 不在运行（flag[j]为 False）且当前 Pj 不可以运行（turn 为 j）时，Pi 进入临界区；临界区运行结束后设置 flag[i]为 False，即通知其他任务 Pi 的临界区已运行结束。

Peterson 算法遵循了“空闲让进”“忙则等待”“有限等待”原则，但违背了“让权等待”原则。

3.3.2 硬件同步

任务同步的硬件实现方法有中断屏蔽法、TestAndSet 指令、Swap 指令等。

1. 中断屏蔽法

CPU 只有在发生中断时才会引起任务切换，因此，当一个任务进入临界区时，可以通过禁止中断发生的方式（或称为屏蔽中断、关中断）防止任务切换的发生，使得临界区内的任务可以顺利执行完毕，从而保证了互斥。当任务退出临界区后，再执行开中断操作，恢复中断功能，从而正确发生任务切换。其典型模式如下。

```
...
关中断;
临界区;
开中断;
...
```

该方法限制了中断，会使 CPU 失去交替执行任务的能力，严重降低了 CPU 执行程序的效率。同时，将关中断的权利交给用户也是不明智的行为，若一个任务关中断之后意外终止，不再开中断，则系统中的其他任务可能都无法得到正确执行。

2. TestAndSet 指令

```
while TestAndSet (& lock);
// 任务的临界区代码段
lock=false;
// 任务的其他代码
```

使用 TestAndSet 指令可以将指定标志设置为真值。基于该指令实现任务互斥时，可使用一个全局布尔变量 lock 作为临界资源的状态标志。当状态标志为 true 时，表示临界资源正在被占用。任务在进入临界区之前通过 TestAndSet 指令检查标志 lock，若为 false，则修改标志，任务获准进入临界区；否则，表示有其他任务在临界区中，此时任务重复检查，等待临界区空闲。

相比软件实现方法，TestAndSet 指令把“上锁”“检查”操作用硬件方式变成了原子操作。在 3.7 节中会进一步介绍原子操作。

3. Swap 指令

```
key=true;
while(key!=false)
Swap(&lock,  &key);
// 任务的临界区代码段
lock=false;
// 任务的其他代码
```

使用 Swap 指令可以交换两个标志的内容。基于该指令实现任务互斥时，同样可使用一个全局布尔变量 lock 作为临界资源的状态标志。每个任务中再设置一个局部布尔变量 key，用于与 lock 交换信息。任务在进入临界区前通过 Swap 指令交换 lock 与 key 的内容，并检查 key 的状态。若 key 为 false，则任务获准进入临界区；否则，表示有其他任务在临界区中，此时任务重复交换和检查过程，等待临界区空闲。

3.4 信号量

信号量最初是一种机械信号机制。在铁路系统中，当一条铁轨被多辆列车共用时，就需要一种装置来提供互斥机制。当轨道区间正在被使用时，该装置通过关闭一组机械臂来阻止其他列车进入该区间。而当轨道区间空闲时，则打开机械臂来让等待的列车继续前进。

将这个例子放在物联网操作系统中，则列车是系统中的任务，列车沿着轨道行驶的过程就是任务执行的过程，而这条被共用的铁轨就是临界资源，它在列车的全部行驶道路中扮演的角色就是任务的临界区。任务在执行到临界区前，也需要同样的机制进行控制。

信号量在软件上实现互斥最早是由荷兰的计算机科学家 E. W. Dijkstra 于 1959 年提出的，随后在多任务内核中被普遍使用。信号量原先被用于控制对共享资源的访问，而现在常用于辅助任务之间的同步。它像是一种上锁机制，在进入临界区前，任务必须获得对应的钥匙才被准许继续执行，否则就需要一直等待，直到钥匙被其他任务释放并被该任务获得。

信号量通常分为两种：二进制信号量（Binary Semaphores）与计数型信号量（Counting Semaphores）。正如其名称所述，二进制信号量只能取 0 和 1，而计数型信号量可取更多的值，具体取值由其制约机制的位数决定。

3.4.1 信号量实现原理

信号量可以通过计数机制实现任务之间的同步或临界资源的互斥访问，协助一组相互竞争的任务访问临界资源。在多任务系统中，各任务之间需要同步或互斥实现临界资源的保护，信号量功能可以为用户提供这方面的支持。

通常，一个信号量的计数值对应有效的资源数，表示剩下的可被占用的互斥资源数。当计数值为正值时，代表该资源仍然有盈余量，该信号量可以被任务获取并使用对应资源；当计数值为 0 时，代表该资源已经被完全占用，此时任务因无法获取信号量而被阻塞。

以同步为目的的信号量和以互斥为目的的信号量在使用上有如下不同。

（1）用作互斥时，信号量创建后记数是满的，在需要使用临界资源时，先取信号量，使其变空，这样其他任务需要使用临界资源时就会因为无法取到信号量而被阻塞，从而保证了临界资源的安全。

（2）用作同步时，信号量在创建后被置为空，任务 1 因试图获取信号量而被阻塞，任务 2 在某种条件成就后，释放信号量，于是任务 1 得以进入就绪态或运行态，从而达到了两个任务间的同步。

图 3-1 展示了 Huawei LiteOS 中信号量的运作原理。信号量允许多个任务在同一时刻访问同一资源，但对同一时刻访问此资源的最大任务数目有所限制，具体数目在创建信号量时设置并固定。当任务数未达到预设的最大数量时，新的任务仍然可以获取信号量并访问该资源；而当访问同一资源的任务数达到该资源的最大数量时，其他试图获取该资源的任务将会被阻塞，直到有任务释放该信号量。

信号量控制块的结构如下。

```
typedef struct
{
    UINT16          usSemStat;        /**是否使用标志位*/
    UINT16          uwSemCount;        /**信号量索引号*/
```

```
    UINT16          usMaxSemCount;    /**信号量最大数*/
    UINT16          usSemID;          /**信号量计数*/
    LOS_DL_LIST     stSemList;        /**挂接阻塞于该信号量的任务*/
} SEM_CB_S;
```

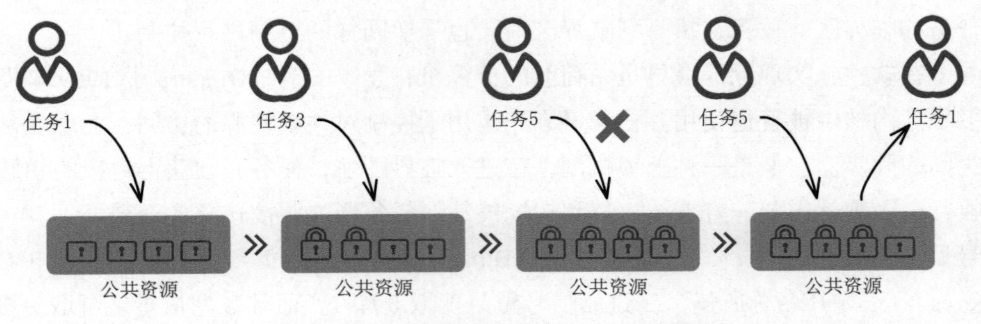

图 3-1　Huawei LiteOS 中信号量的运作原理

其中，uwSemCount 为信号量的索引号，用于指定任务想要获取的信号量；usMaxSemCount 为信号量支持同时获取的最大数，在创建时设置；usSemID 为信号量的当前计数，根据互斥或同步的不同需求有不同用法；stSemList 为任务链表，用于保存所有阻塞于该信号量的任务信息。

信号量初始化时，系统会为配置的 *N* 个信号量申请内存（*N* 值可以由用户自行配置，但受内存限制），把所有的信号量初始化成未使用，并加入到未使用链表中供系统使用。在创建信号量时，从未使用的信号量链表中获取一个信号量资源，并根据传参设定初值。删除信号量则会将该信号量资源重新还给链表。

在申请信号量时，若信号量计数大于 0，则申请成功计数减 1，否则任务会被阻塞并加入到信号量中阻塞任务队列的队尾。信号量的申请有 3 种申请模式，即无阻塞模式、永久阻塞模式和定时阻塞模式。释放信号量时，会唤醒该信号量阻塞任务队列的第一个任务，使其获得该信号量并得以继续执行。若没有阻塞任务，则计数加 1。

值得注意的是，由于中断不能被阻塞，因此中断申请信号量必须使用无阻塞模式。

3.4.2　互斥锁实现原理

互斥锁又称互斥型信号量，是一种特殊的二进制信号量，用于实现对共享资源的独占式处理。

在任意时刻，互斥锁的状态只有两种：开锁或闭锁。当有任务持有互斥锁时，互斥锁处于闭锁状态，这个任务获得该互斥锁的所有权。当该任务释放互斥锁时，该互斥锁被开锁，任务失去该互斥锁的所有权。当一个任务持有互斥锁时，其他任务将不能再对该互斥锁进行开锁或持有。

多任务环境下会存在多个任务访问同一公共资源的场景，而有些公共资源是非共享的，需要任务进行独占式处理。互斥锁怎样避免这种冲突呢？图 3-2 展示了 Huawei LiteOS 中互斥锁的运作原理。

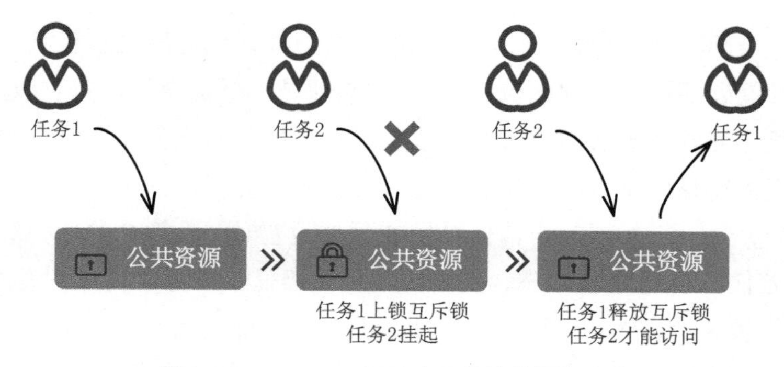

图 3-2 Huawei LiteOS 中互斥锁的运作原理

使用互斥锁处理非共享资源的同步访问时，如果有任务访问该资源，则互斥锁为闭锁状态。此时，如果其他任务想访问这个公共资源，则会被阻塞，直到互斥锁被持有该锁的任务释放后，其他任务才能重新访问该公共资源，此时互斥锁再次上锁，如此就能确保同一时刻只有一个任务正在访问这个公共资源，保证了公共资源操作的完整性。

与信号量的申请相同，Huawei LiteOS 中也有 3 种互斥锁的申请模式：无阻塞模式、永久阻塞模式和定时阻塞模式。

（1）无阻塞模式：任务需要申请互斥锁，若该互斥锁当前没有被任务持有，或者持有该互斥锁的任务和申请该互斥锁的任务为同一个任务，则申请成功。

（2）永久阻塞模式：任务需要申请互斥锁，若该互斥锁当前没有被占用，则申请成功；否则，该任务进入阻塞态，系统切换到就绪任务中的优先级最高者继续执行。任务进入阻塞态后，直到有其他任务释放该互斥锁，阻塞任务才会重新被执行。

（3）定时阻塞模式：任务需要申请互斥锁，若该互斥锁当前没有被占用，则申请成功；否则，该任务进入阻塞态，系统切换到就绪任务中的优先级最高者继续执行。任务进入阻塞态后，指定时间超时前有其他任务释放该互斥锁，或用户指定时间超时后，阻塞任务才会被执行。

物联网操作系统需要保证任务调度的实时性，尽量避免任务的长时间阻塞，因此，在获得互斥锁之后应该尽快释放互斥锁。此外，互斥锁不能在中断服务程序中使用。

3.4.3 优先级翻转与优先级继承

多任务内核通常通过优先级决定任务的执行顺序，高优先级任务会先于低优先级任务被执行。但当使用信号量控制对共享资源的访问时，可能会出现信号量被低优先级任务占有的情况，造成高优先级任务被低优先级任务阻塞，难以保证实时性。这个问题被称为优先级翻转问题。

假设有 3 个任务 A、B、C，它们的优先级依次递减。任务 A、B 起初处于阻塞态（等待其他事件同步），任务 C 在执行过程中申请了信号量 S，但还未释放，此时，任务 A 进入了就绪态。由于任务 A 有更高的优先级，因此得以立即执行。当任务 A 也试图申请信号量 S 时，由于信号量 S 被任务 C 占有，因此任务 A 被阻塞，等待信号量 S 被释放。此时任务 C 得以继续执行。如果此时任务 B 也进入了就绪态，由于任务 B 具有更高的优先级，因此任务 B 会先于任务 C 执行，直至执行完毕。随后任务 C 才能执行并释放信号量 S，让更高优先级的任务 A 获取信号量并执行。此时，可以发现，低优先级的任务 B 先于高优先级的任务 A 完成了，优先级发生了翻转。

为了避免优先级翻转的发生，可以在互斥锁机制中加入优先级继承机制。优先级继承是为了解决优先级翻转问题而提出的优化机制。其大致原理是让低优先级任务获取共享资源的时候，临时提升其优先级，使其能更快地执行并释放资源，在释放后恢复任务原先的优先级。优先级的提升幅度取决于等待该共享资源的最高优先级任务的优先级。

在上述例子中，当任务 A 因为申请信号量 S 而被阻塞时，任务 C 的优先级会被提高到和任务 A 相同，此时若任务 B 进入就绪态，就会因为优先级低于任务 C 的临时优先级而无法执行。当任务 C 释放信号量 S 后，优先级降低。此时，任务 A 获取到信号量 S 而进入就绪态，因为其优先级更高而先于任务 B 执行。此时，任务的执行顺序与原优先级相符。

3.5 事件

事件是一种实现任务间通信的机制，但事件通信只能是事件类型的通信，无数据传输。因此，事件常用于实现任务之间的同步。事件机制类似于机关触发，如楼道中的消防传感器在检测到烟雾或明火时会触发喷雾并报火警。在事件机制中，任务可以等待特定事件发生后继续执行，而在此之前会一直处于阻塞态。在多任务环境下，任务之间往往需要同步操作，一个等待即是一个同步。

一个任务可以等待一个事件的发生，也可以等待任意多个事件的发生。等待多个事件时，任何一个事件发生，任务都被同步唤醒，这种同步机制称为“或”同步；所有事件都发生时，任务才被同步，这种同步机制称为“与”同步。多个任务也可以等待一个或多个事件的触发，实现多对多的同步。

当任务 A 和任务 B 中有一部分代码需要同步执行时，两个任务可以在同步执行前等待同一事件 E 的发生。无论任务 A 和任务 B 何时开始执行，都会在同步前阻塞并等待事件 E。此时，若由任务 C 发起了事件 E，则任务 A 和任务 B 同时进入就绪态，开始同步执行。

3.5.1 事件内部结构

事件的内部结构与物联网操作系统的设计相关，可以支持一对多、多对多的同步模型，也可以支持事件读写的超时机制，任务若在一定时间内未等到特定事件的发生，则可以执行其他内容。

以 Huawei LiteOS 为例的事件仅用于任务间的同步，不提供数据传输功能。多次向任务发送同一事件类型时，等效于只发送一次。Huawei LiteOS 的事件集合与任务不相关联，任务可以通过创建事件控制块来实现对事件的触发和等待操作。事件控制块存储了一个事件的相关信息。Huawei LiteOS 中事件控制块的定义如下。

```
/**
 * @ingroup los_event
 * Event control structure
 */
typedef struct tagEvent
{
```

```
    UINT32 uwEventID;              /**标识发生的事件类型*/
    LOS_DL_LIST    stEventList;    /**读取事件任务链表*/
} EVENT_CB_S, *PEVENT_CB_S;
```

uwEventID 用于标识该任务发生的事件类型，其中每一位表示一种事件类型（0 表示该事件类型未发生，1 表示该事件类型已经发生），一共有 31 种事件类型，第 25 位由系统保留。

在读事件时，通过一个事件掩码来表明任务所关心并等待的单个或多个事件（对应 uwEventID 的某一位或某几位）。读取模式有以下 3 种。

（1）所有事件（LOS_WAITMODE_AND）：读取掩码中的所有事件类型，只有读取的所有事件类型都发生了，才能读取成功。

（2）任一事件（LOS_WAITMODE_OR）：读取掩码中的任一事件类型，只要读取的事件中任意一种事件类型发生了，就可以读取成功。

（3）清除事件（LOS_WAITMODE_CLR）：可以与前面两种读取模式共同使用，在读取成功后，对应事件类型位会自动清除。

3.5.2 事件唤醒任务

图 3-3 展示了事件唤醒任务的示意图。任务会等待一个或多个特定事件。对于逻辑或，只要等待中的任意事件发生，任务即会被唤醒并执行；对于逻辑与，只有当所有等待的特定事件都发生后，任务才会被唤醒并继续执行。等待事件通过读事件函数实现，事件发生通过写事件函数实现。

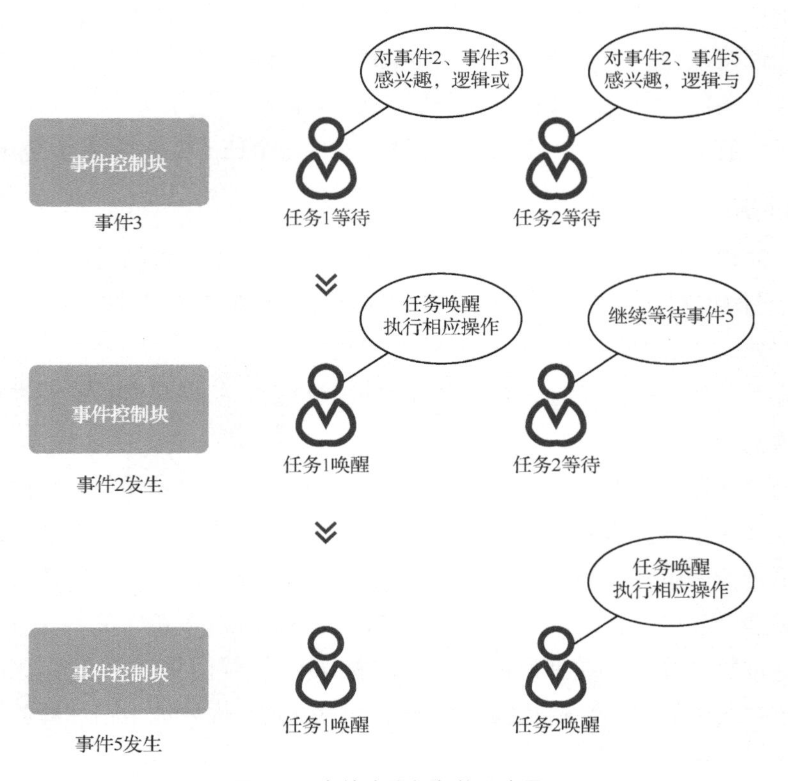

图 3-3 事件唤醒任务的示意图

3.6 死锁

在多任务环境中，错误处理任务同步可能会导致死锁，此时会有两个或多个任务无限制地相互等待其他任务控制的资源，导致这些任务永远无法继续运行。

这里举一个简单的例子：任务A持有信号量S1，同时试图获取信号量S2；而任务B持有信号量S2，同时试图获取信号量S1。此时任务A因为无法获取信号量S2而被阻塞，等待任务B释放信号量S2，而任务B由于无法获取信号量S1也被阻塞，因为信号量S1被任务A持有。因此，两个任务永远无法执行完毕。

当死锁出现时，往往需要额外的机制或人为进行处理，这个过程会导致大量工作丢失，造成巨大损失。因此，在多任务环境中，需要极力避免死锁的发生。

3.6.1 死锁原理

可以把死锁定义为一组相互竞争系统资源或进行通信的任务间“永久”阻塞。当一组任务中的每个任务都在等待某个事件（典型的情况是等待所请求的资源被释放），而只有这组任务中的其他被阻塞任务才可以触发该事件时，就称这组任务发生了死锁。因为没有事件能够被触发，故死锁是永久性的。与并发任务管理中的其他问题不同，死锁问题并没有一种有效的通用解决方案。

产生死锁的4个必要条件如下。

（1）互斥条件：一次只有一个任务可以使用一个资源，其他任务不能访问已分配的资源。

（2）请求和保持条件：当一个任务继续等待其他任务时，继续占有已经分配的资源。

（3）不可抢占条件：不能强行抢占任务已占有的资源。

（4）循环等待条件：存在一个封闭的任务链，使得每个任务都在等待任务链中的其他任务。

3.6.2 死锁预防

简单地讲，死锁预防策略是试图设计一种系统来排除发生死锁的可能性。可以把死锁预防分成两类：一类是间接的死锁预防方法，即防止前面列出的前3个必要条件中任何一个的发生；另一类是直接的死锁预防方法，即防止循环等待的发生。

（1）破坏互斥条件：一般来说，互斥条件不可能禁止。如果需要对资源进行互斥访问，那么操作系统必须支持互斥。

（2）破坏请求和保持条件：为预防请求和保持条件，可以要求任务一次性地请求所有需要的资源，并且阻塞这个任务直到所有请求同时满足。这种方法实际上是很低效的。

（3）破坏不可抢占条件：当一个已保持了某些不可剥夺资源的任务，请求新的资源而得不到满足时，它必须释放已经保持的所有资源，待以后需要时再重新申请。这意味着，一个任务已占有的资源会被暂时释放，或者说被剥夺了，或破坏了不可剥夺条件。该策略实现起来比较复杂，释放已获得的资源可能会造成前一阶段工作的失效，反复地申请和释放资源会增加系统开销，减小系统吞吐量。

（4）破坏循环等待条件：为了破坏循环等待条件，可采用顺序资源分配法。先为系统中的资源编号，规定每个任务必须按编号递增的顺序请求资源，同类资源一次申请完。也就是说，只要任务申请分配资源 Ri，该任务在以后的资源申请中只能申请编号大于 Ri 的资源。这种方法存在的问题是编号必须相对稳定，这就限制了新类型设备的增加。尽管在为资源编号时已考虑到大多数作业实际使用这些资源的顺序，但也经常会出现作业使用资源的顺序与系统规定顺序不同的情况，造成资源的浪费。此外，这种按规定次序申请资源的方法，也必然会给用户的编程带来麻烦。

3.6.3 死锁避免

死锁避免同样属于事先预防的策略，但它并不是事先采取某种限制措施破坏死锁的必要条件，而是在资源动态分配过程中，防止系统进入不安全状态，以避免发生死锁。这种方法所施加的限制条件较弱，可以获得较好的系统性能。

所谓安全状态，是指系统能按某种任务推进顺序（P1，P2，…，Pn）为每个任务 Pi 分配其所需资源，直至满足每个任务对资源的最大需求，使每个任务都可按顺序完成。此时称 P1，P2，…，Pn 为安全序列。如果系统无法找到一个安全序列，则称系统处于不安全状态。并非所有的不安全状态都是死锁状态，但当系统进入不安全状态后，便可能进入死锁状态；反之，只要系统处于安全状态，便可以避免进入死锁状态。

银行家算法是最著名的死锁避免算法。它提出的思想如下：把操作系统看作银行家，操作系统管理的资源相当于银行家管理的资金，任务向操作系统请求分配资源相当于用户向银行家贷款。操作系统按照类似银行家的模式为任务分配资源，当任务首次申请资源时，要测试该任务对资源的最大需求量，如果系统现存的资源可以满足它的最大需求量，则按当前的申请量分配资源，否则推迟分配。当任务在执行中继续申请资源时，先测试该任务已占用的资源数与本次申请的资源数之和是否超过了该任务对资源的最大需求量。若超过，则拒绝分配资源，若没有超过，则再测试系统现存的资源能否满足该任务尚需的最大资源量，若能满足，则按当前的申请量分配资源，否则也要推迟分配。

3.6.4 死锁检测

死锁预防策略是非常保守的，它们通过限制访问资源和在任务上强加约束来解决死锁问题。死锁检测策略则完全相反，它不限制资源访问或约束任务行为。对于死锁检测来说，只要有可能，被请求的资源就会分配给任务。操作系统周期性地执行一个算法来检测循环等待条件。

死锁的检测可以非常频繁地在每个资源请求发生时进行，也可以进行得少一些，具体取决于发生死锁的可能性。在每次资源请求时检测死锁有两个好处：第一，它可以尽早地检测死锁情况；第二，由于此方法基于系统状态的变化情况，因而算法相对比较简单。但是，这种频繁的检查会耗费相当多的处理器时间。

一旦检测出死锁，就应立即采取相应的措施以解除死锁。死锁解除的主要方法有以下几种。

（1）资源剥夺法。挂起某些死锁任务，并抢占它的资源，将这些资源分配给其他的死锁任务。但应防止被挂起的任务因长时间得不到资源而处于资源匮乏的状态。

（2）撤销任务法。强制撤销部分甚至全部死锁任务并剥夺这些任务的资源。撤销可以按任务优先级和撤销任务代价的高低进行。

（3）任务回退法。让一个或多个任务回退到足以回避死锁的地步，任务回退时自愿释放资源而不是被剥夺。要求系统保持任务的历史信息，设置还原点。

3.7 原子操作

在支持多任务的操作系统中，修改一块内存区域的数据需要“读取-修改-写入”3个步骤。然而，同一内存区域的数据可能同时被多个任务访问，如果修改数据的过程被其他任务打断，就会导致该操作的执行结果无法预知。

使用开关中断的方法固然可以保证多任务执行结果符合预期，但显然这种方法会影响系统性能。

ARMv6架构引入了LDREX和STREX指令，以支持对共享存储器更缜密的非阻塞同步。由此实现的原子操作能确保对同一数据的“读取-修改-写入”操作在执行期间不被打断，此即操作的原子性。

物联网操作系统可以通过对ARMv6架构中的LDREX和STREX进行封装，向用户提供一套原子性的操作接口。

（1）LDREX Rx，[Ry]：读取内存中的值，并标记对该段内存的独占访问。

① 读取寄存器Ry指向的4字节内存数据，保存到寄存器Rx中。

② 对Ry指向的内存区域添加独占访问标记。

（2）STREX Rf，Rx，[Ry]：检查内存是否有独占访问标记，如果有则更新内存值并清空标记，否则不更新内存值。

① 若有独占访问标记，则将寄存器Rx中的值更新到寄存器Ry指向的内存中，标志寄存器Rf置为0。

② 若没有独占访问标记，则不更新内存值，标志寄存器Rf置为1。

（3）判断标志寄存器。

① 标志寄存器为0时，退出循环，原子操作结束。

② 标志寄存器为1时，继续循环，重新进行原子操作。

3.8 小结

在物联网操作中，任务被交替执行，表现出一种并发执行的外部特征。在这样的背景下，任务之间的同步和互斥就显得尤其重要。

临界区指的是一个访问共用资源的程序片段，而这些共用资源又无法同时被多个任务访问。任务同步的实现有软件同步和硬件同步两种方案，软件同步方案有单标志法、双标志先检查法、双标志后检查法、Peterson 算法等，硬件同步方案有中断屏蔽法、TestAndSet 指令、Swap 指令等。

物联网操作系统使用信号量和互斥锁的机制来保证任务的互斥和同步。信号量是一种实现任务间通信的机制，实现任务之间的同步或临界资源的互斥访问，常用于协助一组相互竞争的任务访问临界资源。通常，一个信号量的计数值对应有效的资源数，表示剩下的可被占用的互斥资源数。互斥锁又称互斥型信号量，是一种特殊的二进制信号量，用于实现对共享资源的独占式处理。任意时刻，互斥锁的状态只有两种：开锁或闭锁。

死锁是一组相互竞争系统资源或进行通信的任务间“永久”阻塞。产生死锁有 4 个必要条件：互斥条件、请求和保持条件、不可抢占条件、循环等待条件。为了解决死锁，常用的策略有 3 种，分别是死锁预防策略、死锁避免策略和死锁检测策略。

原子操作能确保对同一数据的“读取-修改-写入”操作在执行期间不被打断，物联网操作系统可以通过对 ARMv6 架构中的 LDREX 和 STREX 进行封装实现原子操作接口。

第 4 章 中断、异常与时间

04

学习目标

① 了解中断的概念，熟悉中断的请求与触发
② 掌握多优先级中断的处理，熟练使用中断函数的方法
③ 了解异常的基本概念与异常接管的运作机制
④ 了解时间管理的基本概念与运作机制

中断是操作系统中非常重要的概念。当系统中的某个地方发生一些事件时,需要通过中断引起处理器（包括正在执行中的程序和任务）的注意。当中断发生时,典型的结果是迫使处理器将控制从当前正在执行的程序或任务转移到另一个程序或任务中。

在物联网操作系统中，可人为设置中断，操作系统也可自己发起中断，常用于进行异常接管与时间管理。异常是指程序运行过程中出现了越界、除零等非法操作。当异常出现时，需要及时接管异常，做出正确的处理，从而避免系统故障。时间管理是操作系统的基本概念之一，在物联网操作系统中尤为重要。它以系统时钟为基础，用于给应用程序提供所有和时间有关的服务，通过基于系统 Tick 时钟中断的软件定时器可以实现任务定时，在实际开发的过程中使用非常广泛。

本章将对物联网操作系统中的中断、异常和时间管理进行具体介绍，首先介绍中断的基本概念，随后介绍异常接管的运作机制，最后将介绍时间管理和软件定时器的相关概念及运行机制。

4.1 中断

中断，顾名思义，就是在需要的时候打断内核当前正在执行的任务，转而去执行更为“紧急”的任务。就好比人在看书的时候，突然听到有人敲门，就需要停下看书去开门。敲门便是发出一个中断，操作系统（人）在接收到这个中断时，需要打断当前正在执行的任务（看书），转去处理这个中断（即开门）。

本节将先介绍中断的基本概念，再介绍中断请求与处理，最后介绍多优先级中断处理。

4.1.1 中断的基本概念

中断是一种硬件机制，用于通知 CPU 发生了一个异步事件。CPU 在确认中断后，将其部分或全部寄存器入栈保存，并跳转执行一个特殊的函数，这个函数称为中断服务程序。中断服

务程序处理该异步事件，处理过程中可能使得更高优先级的任务进入就绪状态，这样当中断服务程序处理结束后，将直接执行该就绪态的更高优先级任务且不再返回，否则将返回到被中断的任务继续运行。

CPU 的处理速度比外设的运行速度快很多，外设可以在没有 CPU 介入的情况下完成一定工作，但某些情况下也需要 CPU 为其做一定的工作。通过中断机制，在外设不需要 CPU 介入时，CPU 可以执行其他任务，而当外设需要 CPU 时，将通过产生中断信号使 CPU 立即中断当前任务来响应中断请求。这样可以使 CPU 避免把大量时间耗费在等待、查询外设状态的操作上，大大提升系统实时性及执行效率。微控制器能够通过特殊的指令来关闭和允许特定的中断请求。在执行中断处理代码之前，通常要将处理器的寄存器保存到堆栈中。

中断有 3 个时间概念，分别为中断响应时间、中断恢复时间和任务等待时间。中断响应时间是指从中断被识别到对应的中断处理代码开始执行的时间，这个时间涵盖了中断机制引入的所有耗时；中断恢复时间是指从中断代码执行完毕，到被中断的任务或由于中断处理而进入就绪态的更高优先级任务代码开始执行之间的时间；任务等待时间是指从中断发生到任务代码重新开始执行的时间。

物联网操作系统作为实时多任务内核，一个重要指标就是中断关闭总时间。关闭中断会增加中断处理延迟，可能导致后续中断请求丢失。实时多任务内核在运行临界段代码之前会关闭中断，在临界段代码运行完毕后重新打开中断。关闭中断的时间越长，系统的中断等待时间就越长。因此，在物联网操作系统中，应尽量减少关闭中断的时间。

4.1.2　中断向量表

每个中断请求信号都会有特定的标志，使得设备能够判断是哪个任务提出的中断请求，这个标志就是中断号。中断源的识别标志，可用于形成相应的中断服务程序的入口地址或存放中断服务程序的首地址，这称为中断向量。中断向量表是中断向量的存储区，中断向量与中断号对应，中断向量在中断向量表中按照中断号顺序存储。

系统程序必须维护一份中断向量表，当外部事件或异常发生时，由硬件负责产生一个中断标记，CPU 根据中断标记获得相应中断的中断号，再由 CPU 根据中断向量表的地址和中断号去查找中断向量表获得相应中断号的中断程序地址，进一步执行对应的中断处理程序。

在 X86 架构中，系统使用中断描述符表（Interrupt Descriptor Table，IDT）来管理中断，最多支持 256 项中断或异常，每一项是大小为 8 字节的中断门、陷阱门、任务门等，IDT 在内存的存储地址由中断描述符表寄存器（IDTR）决定。在 ARM 架构中，中断向量表的存储地址可以由 VBAR 或 VTOR 寄存器指定，中断向量表支持 7 种类型的异常，在该 7 种类型的异常中，第一个中断向量是复位中断向量，当系统复位后，从此处开始重新执行。在 ARM 的 32 位 Cortex-A 系列处理器中，中断向量表中有 8 个 entry，其中包含 reset 入口和各种异常，而所有的中断都会进入其中一个名为 IRQ 的异常中。一般而言，中断控制器需要在这个表中安装自己的处理代码，从而在中断到来时将其调用到自己的处理函数中。而在 ARM 的 Cortex-M 系列处理器中，中断向量表最大包含 256 个 entry，其中前 16 个为内核栈、reset、SysTick 中断和系统异常，剩余的中断由外设使用。在 Motorola 的 68K 中，中断向量表占用存储器的 1024 字节，包括 256 种不同的中断向量，其地址根据动态比特率（Variable Bit Rate，VBR）配置的不同而不同，其中第一个中断向量是复位中断向量，当系统复位后，从此处开始重新执行。

4.1.3 中断请求与处理

与中断相关的硬件可以划分为 3 类：外部设备、中断控制器、CPU。

（1）外部设备：发起中断的源，当设备需要请求 CPU 时，产生一个中断信号，该信号连接至中断控制器。

（2）中断控制器：中断控制器是 CPU 众多外设中的一个，一方面，它接收其他外设中断引脚的输入，另一方面，它会发出中断信号给 CPU。可以通过对中断控制器进行编程实现对中断源的优先级、触发方式、打开和关闭源等设置操作。常用的中断控制器有向量中断控制器（Vector Interrupt Controller，VIC）和通用中断控制器（General Interrupt Controller，GIC），在 ARM Cortex-M 系列中使用的中断控制器是巢状向量中断控制器（Nested Vector Interrupt Controller，NVIC）。

（3）CPU：CPU 会响应中断源的请求，中断当前正在执行的任务，转而执行中断处理程序。

中断请求是从设备发送到处理器的异步信号。在操作系统运行的过程中，当有“紧急事件”需要占用 CPU 资源时，须向 CPU 提出申请（发送一个电脉冲信号），要求 CPU 暂停当前执行的任务，转而处理该“紧急事件”。其中，硬件中断请求由硬件外围设备请求引起，而软件中断请求由软件指令引发。中断请求由中断控制器提供给 CPU，后者优先处理和管理内部的中断。

大多数当前流行的 CPU 架构能处理多个来源的中断请求。例如，通用异步收发传输器（Universal Asynchronous Receiver/Transmitter，UART）接收到字符，以太网控制器接收到数据帧，直接内存存取（Direct Memory Access，DMA）控制器完成传输，模数转换器（Analog to Digital Converter，ADC）完成转换，定时器溢出等。

当 CPU 接收到中断请求时，若满足下列条件，就会响应中断：允许中断触发器为“1”状态，CPU 结束了一条指令的执行过程，新请求的中断优先级较高。关闭全部中断后，CPU 将忽略除不可屏蔽中断（Non Maskable Interrupt，NMI）以外的所有中断请求。但中断控制器会将这些中断请求锁存，并在 CPU 重新打开中断后立即产生中断请求。

CPU 处理中断的模式有两种：第一种是所有的中断映射到一个共用的中断服务程序；第二种是每个中断映射到各自的中断服务程序。

一次中断会激活很多事件，包括 CPU 硬件中的事件及软件中的事件。当一次中断发生时，会发生下列硬件事件。

（1）设备给 CPU 发出一个中断信号。

（2）CPU 在响应中断前结束当前指令的执行。

（3）CPU 对中断进行测定，确定存在未响应的中断，并给提交中断的设备发送确认信号，确认信号允许该设备取消它的中断信号。

（4）CPU 为把控制权转移到中断处理程序中做准备。首先，需要保存从中断点恢复到当前程序所需要的信息，要求的最少信息包括程序状态字（Program Status Word，PSW）和保存在程序计数器（Program Counter，PC）中的下一条要执行的指令地址，它们被压入到系统控制栈中。

（5）CPU 把响应此中断的中断处理程序入口地址装入到程序计数器中。可以针对每类中断有一个中断处理程序，也可以针对每个设备和每类中断各有一个中断处理程序，具体取决于计算机系统结构和操作系统的设计。如果有多个中断处理程序，CPU 就必须决定调用哪一个中断处理程序，这一信息可能已经包含在最初的中断信号中，否则 CPU 必须给发送中断的设备发送请求，以获取含有所需信息的响应。

（6）中断程序相关的程序计数器和程序状态字被保存到系统栈中，此外，还有一些其他信息，如正在执行程序的状态。特别地，处理器寄存器的内容也需要保存，因为中断处理程序可能会用到这些内容。

（7）中断处理程序现在可以开始处理中断，其中包括检查状态信息或其他引起中断的事件。

（8）当中断处理结束后，被保存的寄存器值从栈中释放并恢复到寄存器中。

（9）最后的操作是从栈中恢复程序状态字和程序计数器的值，其结果是下一条要执行的指令来自前面被中断的程序。

虽然不同操作系统的中断处理思想和作用基本相同，但是不同的操作系统在实现中断处理时采用了不同的策略。在 μClinux 操作系统中，中断处理被分为两部分：顶半处理和底半处理。在顶半处理中，必须关中断运行，且仅进行必要的、非常少的、快速的处理，其他处理交给底半处理；底半处理执行那些复杂、耗时的处理，并接收中断。μC/OS-II 操作系统中的中断处理比较简单，一个中断向量上只能挂一个中断服务子程序，而且用户代码必须都在中断服务程序（Interrupt Service Routine，ISR）中完成。eCos 操作系统使用了分层式中断处理机制，把中断处理分为传统的中断服务程序和滞后中断服务程序（Deferred Service Routine，DSR）。

4.1.4　多个中断

正在处理一个中断时，还可能同时发生一个或多个中断。

处理多个中断有两种方法。第一种方法是当正在处理一个中断时，禁止再发生中断。禁止中断的意思是 CPU 将对任何新的中断请求信号不予理睬。如果在此期间发生了中断，则通常中断保持挂起，当 CPU 再次允许中断时再检查中断。因此，若任务在执行时有一个中断发生，则立即禁止中断；当中断处理程序完成后，在恢复任务之前再允许中断，并由 CPU 检查是否有中断发生。这种方法很简单，因为所有中断都严格按顺序处理。该方法的缺点是没有考虑相对优先级和时间限制的要求。

第二种方法是定义中断优先级。为了使系统能够及时响应并处理所有中断，系统根据中断的重要性和时间的紧迫程度，将中断源分为若干个级别，称为中断优先级。当多级中断同时发生时，CPU 按照优先级由高到低的顺序响应，高级中断可以打断低级中断处理程序的运行，转而执行高级中断处理程序。当同级中断同时到达时，则按位响应。另外，优先级高的中断源可以中断优先级低的中断服务程序，这时出现了中断服务程序中套着中断服务程序的情况，即形成了所谓的中断嵌套。中断优先级的高低顺序由高到低依次为硬件故障中断、自愿中断、程序性中断、外部中断和输入输出中断。

例如，ARM 的 Cortex-M 系列是常见的物联网处理器，通过自带的 NVIC 嵌套向量中断控制器实现中断的优先级。其中，Cortex-M0 和 M0+最多支持 32 个外部中断，外部中断可设 4 级抢占优先级（2bit）；而 Cortex-M3、M4、M7 最多支持 240 个外部中断，中断优先级可分组（抢占优先级、响应优先级），为 8bit 优先级设置（最小 2 级响应优先级的情况下支持最大 128 级抢占优先级，无抢占优先级情况下支持最大 256 级响应优先级）。

中断优先级遵循如下规则。

（1）具有高抢占式优先级的中断可以在具有低抢占式优先级的中断服务程序执行过程中被响应，即中断嵌套，或者说高抢占式优先级的中断可以抢占低抢占式优先级的中断的执行。

（2）在抢占式优先级相同的情况下，有几个子优先级不同的中断同时到来，那么高子优先级的中断优先被响应。

（3）在抢占式优先级相同的情况下，如果有子优先级中断正在执行，高子优先级的中断要等待已被响应的低子优先级的中断执行结束后才能得到响应，即子优先级不支持中断嵌套。

用户可以使用不同的嵌入式操作系统对中断优先级进行配置。Huawei LiteOS 支持中断控制器的中断优先级及中断嵌套，同时，中断管理未对优先级和嵌套进行限制。

4.2 异常接管

程序运行过程中会因为种种原因产生异常，此时便需要通过一个特殊的中断函数打断程序的运行并处理发生的异常，这便是异常接管。

4.2.1 异常接管基本概念

异常也称内中断、例外或陷入（Trap），是在执行程序期间发生的同步事件。该事件会中断正常的指令流，如程序的非法操作码、地址越界、算术溢出、虚存系统的缺页及专门的陷入指令等引起的事件。如果在程序执行期间未正确处理异常，则可能发生严重后果，如系统故障。异常处理非常重要，尤其是在嵌入式系统中，高效的异常处理可以避免系统故障，并增强软件的稳健性。正确实现异常处理还可以帮助用户进行软件执行恢复，以便应用程序在发生异常后继续执行其任务。

异常接管即异常处理，是操作系统对在运行期间发生的异常情况进行处理的一系列动作，如打印异常发生时，当前函数调用栈信息、CPU 现场信息、任务的堆栈情况等。异常导致中断后，处理器将跳转到定义的地址（或异常向量）并开始在该位置运行指令。处理器跳转到的地址包含处理错误的异常处理代码。不同的处理器体系结构可能会在不同位置定位异常处理程序，并以各种方法实现此跳转过程。

异常接管作为一种调测手段，可以在系统发生异常时提供给用户有用的异常信息，譬如异常的类型、发生异常时系统的状态等，以方便用户定位分析问题。

大多数物联网操作系统设计了自己的异常接管功能。例如，eCos 的异常接管不同于 C++ 中提供的 throw 和 catch 工具的实现，它提供了两种主要的异常处理方法。第一种异常处理方法是硬件抽象层（Hardware Abstraction Layer，HAL）和内核异常处理的组合，即 HAL 提供一般的硬件级异常处理，然后将控制权传递给应用程序，以获得所需的任何扩展异常支持。第二种异常处理方法是用户态异常处理，它允许应用程序完全控制任何异常，并将向量服务例程直接附加到硬件中，使用此配置方法时，需要使用汇编语言编写异常处理程序例程。相比之下，VRTX 和 pSOS 等操作系统在处理异常时仅扮演了一个监视器的角色，因此当异常出现时，这些操作系统仅报告异常，而不进行错误处理。

Huawei LiteOS 的异常接管，在系统发生异常时的处理动作是显示异常发生时正在运行的任务信息（包括任务名、任务号、堆栈大小等）以及 CPU 现场等信息。

4.2.2　运作机制

图 4-1 展示了系统运行过程中的调用栈结构，以此展示堆栈分析的原理。

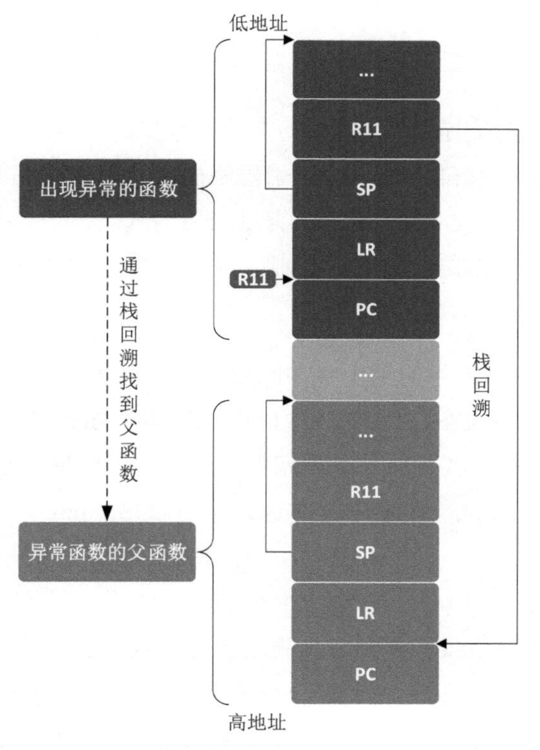

图 4-1　系统运行过程中的调用栈结构

其中，R11 为通用寄存器，在开启特定编译选项时可以用作帧点（Frame Point，FP）寄存器，即帧指针寄存器，通过该寄存器可以实现追溯程序调用栈的功能，展示函数间的调用关系。FP 寄存器指向当前执行函数的栈回溯结构。返回的 FP 值是指向调用了当前函数的上层函数（父函数）所建立的栈回溯结构的指针，以此类推，可以实现追溯函数的调用关系。

当运行发生异常时，系统打印 FP 寄存器内容。通过 FP 寄存器，栈回溯到了异常函数的父函数。而通过地址偏移，也可以找到父函数的 FP 寄存器，并再次向上回溯。

因此，可以按照这个规律对栈进行解析，以推出函数调用执行的全部关系，方便用户定位。具体步骤如下。

（1）获取当前 FP 寄存器的值。

（2）FP 寄存器减去 4 字节得到当前 PC 值。根据系统镜像的 ELF 文件或镜像反汇编文件，结合 PC 值可以得到运行现场信息。

（3）FP 寄存器减去 24 字节得到上次函数的调用栈帧的起始地址；FP 寄存器减去 16 字节得到上次函数调用结束时的 SP 地址，那么 FP 到 SP 之间的栈就是一个函数调用的栈帧。

（4）通过每一层栈帧中的 PC 指针即可知道函数调用的关系。

在使用 Huawei LiteOS 时，若程序运行过程中发生了异常，系统将发起一个中断，通过上述异常接管方式收集发生异常的函数信息及所有的调用关系，在收集完这些信息后输出至串口并终止程序运行。开发人员可通过串口中的信息分析异常发生的位置及原因，并进行代码调整。

4.3 时间管理

在物联网操作系统中，时间是至关重要的。任务的定时、周期性执行都高度依赖于系统的时间。时间管理以系统时钟为基础，用于给应用程序提供所有和时间有关的服务。通过软件定时器，系统可以定时或周期性地执行任务，以满足应用需求。

本节将介绍物联网操作系统的时间管理机制，包括系统时钟及软件定时器。

4.3.1 系统时钟

系统时钟由定时器/计数器产生的输出脉冲触发中断而产生，一般定义为整数或长整数。输出脉冲的周期称为一个“时钟滴答”。系统时钟也称为时标或Tick，它是操作系统的基本时间单位。一般来说，实时内核都提供了相应的调整机制，应用可以根据特定情况改变 Tick 对应的时间长度。例如，可以使系统每 5ms 产生一个 Tick，也可以每 10ms 产生一个 Tick。Tick 的大小决定了整个系统的时间粒度。

系统中最小的计时单位为 Cycle，其时长由系统主频决定，系统主频就是每秒钟的 Cycle 数，它的本质就是对由晶体振荡器产生的时钟周期进行计数，晶体振荡器在 1s 内产生的时钟脉冲个数就是时钟周期的频率。Cycle的时长对于每个单独的硬件都是唯一确定且无法更改的，不同主频的设备对应的 Cycle 时长是不同的。在知晓系统主频的前提下，可以通过 Cycle 来确定 Tick 的到来。

用户是以 s、ms 为单位计时的，而操作系统的计时是以 Tick 为单位的，当用户需要对操作系统中的时间进行设置时，如任务挂起、延时等，输入以 s 为单位的数值，便需要时间管理模块对二者进行转换。

4.3.2 软件定时器

软件定时器是基于系统 Tick 时钟中断且由软件来模拟的定时器，当经过设定的 Tick 时钟计数值后会触发用户定义的回调函数。定时精度与系统 Tick 时钟的周期有关。

硬件定时器受硬件的限制，数量上不足以满足用户的实际需求，因此，为了满足用户需求，物联网操作系统提供了更多的定时器。物联网操作系统，如 Huawei LiteOS，提供了软件定时器功能，软件定时器扩展了定时器的数量，允许创建更多的定时业务。

软件定时器支持以下功能。

（1）静态裁剪：能通过宏关闭软件定时器功能。

（2）软件定时器创建。

（3）软件定时器启动。

（4）软件定时器停止。

（5）软件定时器删除。

（6）软件定时器剩余 Tick 数获取。

软件定时器是系统资源，在模块初始化的时候已经分配了一块连续的内存，系统支持的最大定时器个数由 los_config.h 中的 LOSCFG_BASE_CORE_SWTMR_LIMIT 宏配置。

软件定时器使用了系统的一个队列和一个任务资源，其触发遵循队列规则，即“先进先出”。定时时间短的定时器总是比定时时间长的定时器靠近队列头，满足优先被触发的准则。

软件定时器以 Tick 为基本计时单位，当用户创建并启动一个软件定时器时，Huawei LiteOS 会根据当前系统时间及用户设置的定时间隔确定该定时器的到期 Tick 时间，并将该定时器控制结构挂入计时全局链表。

当 Tick 中断到来时，在 Tick 中断处理函数中扫描软件定时器的计时全局链表，查看是否有定时器超时，若有，则将超时的定时器记录下来。

Tick 中断处理函数结束后，软件定时器任务（优先级为最高）被唤醒，在该任务中调用之前记录下来的定时器的超时回调函数。

软件定时器具有以下状态。

（1）OS_SWTMR_STATUS_UNUSED（未使用）：系统在定时器模块初始化的时候将系统中所有定时器资源初始化为该状态。

（2）OS_SWTMR_STATUS_CREATED（创建未启动/停止）：在未使用状态下调用 LOS_SwtmrCreate 接口或启动后调用 LOS_SwtmrStop 接口后，定时器将变为该状态。

（3）OS_SWTMR_STATUS_TICKING（计数）：在定时器创建后调用 LOS_SwtmrStart 接口，定时器将变为该状态，表示定时器运行时的状态。

Huawei LiteOS 的软件定时器提供了两类定时器机制。第一类是单次触发定时器，这类定时器在启动后只会触发一次定时器事件，然后定时器会自动删除；第二类是周期触发定时器，这类定时器会周期性地触发定时器事件，直到用户手动停止定时器，否则将永远持续执行下去。

软件定时器开始时要注意以下事项。

（1）软件定时器的回调函数中不要做过多操作，不要使用可能引起任务挂起或阻塞的接口或操作。

（2）软件定时器使用了系统的一个队列和一个任务资源，软件定时器任务的优先级设定为

0，且不允许修改。

（3）系统可配置的软件定时器资源个数是指整个系统可使用的软件定时器资源总个数，而并非用户可使用的软件定时器资源个数。例如，系统软件定时器多占用一个软件定时器资源数，那么用户能使用的软件定时器资源就会减少一个。

（4）创建单次软件定时器，该定时器超时执行完回调函数后，系统会自动删除该软件定时器，并回收资源。

4.4 小结

中断是操作系统中最重要的概念之一，给予了操作系统应对突发状况的能力。其最初设计的目的是提高处理器效率，避免慢速的 I/O 设备长时间阻塞高速的处理器。物联网操作系统支持多优先级中断处理及中断嵌套，允许用户通过中断实现丰富的业务应用。同时，中断被用于实现异常接管和时间管理机制。

物联网操作系统的异常接管功能通过堆栈分析获取发送异常函数的全部信息，包括任务名、任务号、堆栈大小、调用关系及 CPU 现场等，帮助用户快速排查异常发生原因；而系统时钟以 Tick 中断作为基本时间单位，结合软件定时器，可以实现任务的延时、定时、周期执行等功能。

第5章 内存管理

05

学习目标

① 了解内存管理的基本概念
② 了解动态内存的概念和管理机制
③ 了解内存管理实现方法

内存管理是指程序运行时对内存资源进行分配和使用的技术。其最主要的目的是高效、快速地分配内存，并且在适当的时候释放和回收内存资源。

本章首先介绍了内存管理和动态内存的概念，随后介绍了物联网操作系统的内存管理实现方法，使读者对内存管理有完整且深入的认识。

5.1 内存管理概述

内存是计算机系统中重要的硬件资源之一。一般而言，内存是比较珍贵的，尤其是在物联网终端设备上，内存往往只有数十千字节。因此，合理地分配、使用内存非常重要，内存管理也就成为物联网操作系统中非常重要的一部分。

内存管理一般包含两个方面：地址映射管理和动态内存管理。接下来将对其分别进行介绍。

5.1.1 地址映射管理

大多数通用处理器包含一个内存管理单元（Memory Management Unit，MMU）模块，处理器一般通过 MMU 来访问内存资源。

操作上，CPU 在访问内存（包括取指令和取数据）时交由 MMU 虚拟地址进行，而 MMU 会获取内存地址的映射关系。MMU 提供了虚拟地址的能力，为每个不同的应用程序“虚拟”出统一的内存环境，从而使应用程序无需考虑将被加载在什么地方，因为它的加载地址在编译的时候就确定了。

操作系统在访问任何虚拟地址前都需要先进行映射，虚拟地址映射涉及虚拟地址和物理地址，所以操作系统需要同时管理这两种地址资源。在 MMU 中，管理的单位是页面，因为虚拟地址和物理地址是对应的，所以虚拟地址也通过页面进行管理。一般而言，操作系统需要实现一个基于页面的管理器，然后把所有可用的物理页面全放入页面池。而虚拟地址空间涉及区间划分，所以会给内核部分分配一个内核虚拟页面池，每个应用程序都拥有一个自己的用户空间页面池。

5.1.2 动态内存管理

在使能了 MMU 的系统上，经过映射的内存块，或没有 MMU 的 SoC 的物理内存块，如果想合理地使用，就要使用动态内存管理来进行管理。一般而言，交给动态内存管理的内存都是一块或多块内存块。内存管理模块经过内部组织把这些内存块管理起来，并对外提供内存分配、释放等接口。

动态内存管理具有如下要求：空闲内存管理和内存释放时内存块合并。此外，实时系统对内存管理还有额外的诉求——最差情况下的时间复杂度。后续会分析这些要求与诉求以及 Huawei LiteOS 在内存管理方面的实现原理。

5.2 动态内存

动态内存使用户能够指定操作系统启动的 RAM 容量，并将平台可用的系统内存最大化。它需要由程序开发人员根据需要进行资源分配并收回，用于执行一些因为外部请求而浮动占用内存的应用。

5.2.1 内存块

内存块在初始状态下为一块连续的内存，经过一次分配后就会被分割成一块空闲内存和一块已被分配的内存。经过多次分配和释放，内存块会成为多块空闲内存和已分配的内存。由于内存在释放的时候会进行空闲页面合并，所以不会出现两块连续的空闲内存。

图 5-1 为一个经过多次分配释放之后的内存状态样例。其中，浅色部分是空闲内存，深色部分是被分配的内存。在内存管理中，这些被划分开的内存被称为 Chunk，每个 Chunk 都用一个特殊的头结构管理起来，一般这个结构被称为 Chunk Head，由于各种内存管理算法都会把空闲块组织起来，所以空闲块的 Chunk Head 还拥有一个双向链表结构。Chunk Head 的结构如图 5-2 所示。

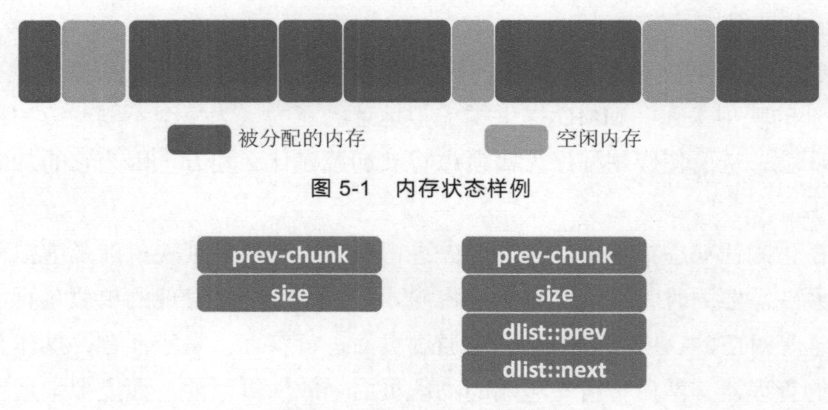

图 5-1 内存状态样例

图 5-2 Chunk Head 的结构

其中，左边的头结构由被分配的内存块使用，头占用两个机器字，在32 位系统中占用 8 字节，这种头结构一般被称为被分配的块头（Allocated Chunk Header，ACH）；右边的头结构由空闲 Chunk 使用，占用 4 个机器字，在 32 位系统中占用 16 字节，这种头结构一般被称为未被分配的块头（Free Chunk Header，FCH）。

由于整个内存空间组成了一个类似链表的结构，因此需要定义链表的头和尾，一般在内存块的开头和结尾各加入一个 ACH 作为哨兵，开头 ACH 的 prev-chunk 永远为 NULL，同时二者都只有两个机器字的大小，而其他的 Chunk 至少为 4 个机器字大小。经过这样组织的内存块会呈现图 5-3 所示的分配情况。

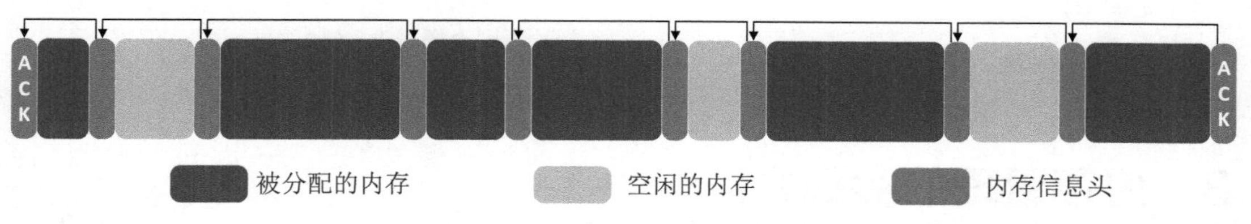

图 5-3　Chunk 组织的内存块的分配情况

虽然头信息中仅包含了指向前一个 Chunk 地址的指针，但是由于每个块都记录了自己的大小，所以很容易通过计算得出下一个块的地址，这样事实上就形成了一个双向的链表。

5.2.2　空闲内存块的管理

被分配出去的内存块无需操作系统管理，任务完成后内存自动释放，回归到空闲内存块中。空闲内存块则需要操作系统进行管理，空闲内存块的组织管理方式会直接影响内存分配时的空闲内存查找，所以内存块的组织管理方式会直接影响到内存块的分配效率，尤其是最差情况下的内存分配时间。

主流的空闲内存块存放关系有下面 3 种。

（1）平衡二叉树（一般使用红黑树）。

（2）双向链表。

（3）多个双向链表。

5.2.3　空闲内存块的分配策略

内存分配的时候，动态内存管理模块的主要工作是先寻找合适的内存块，再根据需求切割内存块，最后返回内存块。内存块的分配策略十分重要，它会直接影响到内存分配的性能和内存碎片的产生。一般而言，内存分配策略有以下 3 种。

（1）first-fit：第一个满足需求的内存块会被选取，内存碎片情况较为严重。

（2）best-fit：最接近目标内存大小的内存块会被选取，内存碎片情况最不严重。

（3）good-fit：选取一个与目标内存大小较为接近的内存块来分配，内存碎片情况适中。

5.2.4　内存块的基本维护

一般而言，内存管理多使用后两个分配策略配合不同的组织关系来达到自己的设计目的。

具体方案如下。

（1）基于单个双向链表的 best-fit 实现（best-fit-dlist），时间复杂度为 O(n)级别。

（2）基于平衡二叉树的 best-fit 实现（best-fit-tree），时间复杂度为 O(log(n))级别。

（3）基于多个双向链表，加两层 bitmap 的 good-fit 实现（TLSF），时间复杂度为 O(1)。

不同组合的时间复杂度不同。

内存块的维护操作主要包括下面 4 种。

（1）内存分配的时候选取合适的空闲内存块。

（2）内存块拆分。选取的空闲内存块通常比需要分配的内存块更大，所以需要拆分。

（3）释放内存块。

（4）空闲内存块合并。

5.3　内存管理的实现方法

本节将介绍多种动态内存分配机制。

5.3.1　基于双向链表的 best-fit

best-fit 并不是把所有的空闲块都用链表链接起来，而是使用 Chunk 形成的双向链表来管理。相比于空闲块用单独链表管理，双向链表带来的问题是整个链表中既有空闲块，又有被分配的块，这增加了链表的长度、时间复杂度，最差时间复杂度也更高了。同时，由于 heap 管理结构保存了 Chunk 的头和尾，因此在 Chunk 的双向链表的开头和结尾并没有哨兵。

1. 分配操作

内存分配的大体流程如下。

```
    VOID* osHeapAlloc(VOID *pPool, UINT32 uwSz)
    {
        struct LOS_HEAP_NODE *pstNode, *pstT, *pstBest = NULL;
        VOID* pRet = NULL;
        UINT32 uvIntSave;
        struct LOS_HEAP_MANAGER *pstHeapMan = HEAP_CAST(struct LOS_HEAP_MANAGER *,
pPool);
```

pstBest 用于存放最佳适配的空闲结点，初始化为 NULL。pstHeapMan 用于存放当前 heap 管理结构地址，其从 pPool 强制类型转换而来。

```
    if (!pstHeapMan)
    {
        return NULL;
    }
    uvIntSave = LOS_IntLock();
    uwSz = ALIGNE(uwSz); // 分配大小并进行对齐（4 字节）
```

获取最后一个 Chunk 结点，从链表的尾部向前遍历。因为每个 Chunk 都保存了前一个 Chunk 的地址，如果从头向后遍历，则需要做加法计算下一个 Chunk 的地址。

```
    while (pstNode)
```

```
    {
        if (!pstNode->uwUsed && pstNode->uwSize >= uwSz && (!pstBest || pstBest->uwSize
> pstNode->uwSize))
        {
            pstBest = pstNode;
            if (pstBest->uwSize == uwSz)
            {
            goto SIZE_MATCH;
            }
        }
        pstNode = pstNode->pstPrev;
    }
    if (!pstBest) /*alloc failed*/
    {
        PRINT_ERR("there's not enough whole to alloc %x Bytes!\n",uwSz);
        goto out;
    }
```

上述代码从尾部向前遍历整个链表，选取其中比目标大但最接近目标大小的 Chunk 结点。可以看出，整个遍历过程中还会有被分配的结点存在，这增加了链表的长度，实现时间复杂度比单独管理空闲 Chunk 更高。在遍历搜索时，如果找到一块大小更合适的结点，则搜索结束，并跳过下面的切分步骤。

如果没有比目标更大的结点，则 pstBest 为 NULL。执行到这里时，pstBest 内存块的大小比目标内存块大，所以将对其进行切割以节约空间，剩余的内存依然是空闲内存。只有在除去需要的内存后，剩余内存足够装下一个 Chunk 头的情况下，才会进行切割，否则切割出的内存无法被加入 Chunk 链表。

```
    if (pstBest->uwSize - uwSz > sizeof(struct LOS_HEAP_NODE))
    {
        /* hole divide into 2 */
        pstNode = (struct LOS_HEAP_NODE*)(pstBest->ucData + uwSz);
        pstNode->uwUsed = 0;
        pstNode->uwSize = pstBest->uwSize - uwSz- sizeof(struct LOS_HEAP_NODE);
        pstNode->pstPrev = pstBest;
        pstT = osHeapPrvGetNext(pstHeapMan, pstBest);
        if (pstT == NULL)
        {
            pstHeapMan->pstTail = pstNode; /* pstBest is tail */
        }
        else
        {
            pstT->pstPrev = pstNode;
        }
        pstBest->uwSize = uwSz;
    }
```

执行到这里时，内存块就已经基本准备好了。后续需要执行一些简单操作如信息记录、状态设置等。

2. 对齐分配

对齐分配是内存分配的一种特殊情况，一般是分配一块更大的内存并从中抠出对齐的内存，再把剩余的内存切分成新的空闲内存块并重新加入 Chunk 链表。

为达到合适的对齐分配需要两个变量：align 和 size。其中，align 必须为 2 的幂。分配内存时的第一步是寻找一块合适的内存块，最差情况下，这块内存块的起始地址为对齐地址+内存管理内部的对齐单位。为满足这种情况，需要分配的内存大小为 new_size =align-最小对齐单位+size。

再使用新的大小去分配内存，分配内存后，因为真正分配的内存比实际需要的大（align-最小对齐单位），所以新分配的内存在对齐操作后，前后极有可能各存在一块大于 Chunk 头结构的空闲内存，需要对对齐内存块进行切割，进而节省内存。

另外一个值得关注的问题是，在内存释放时，一般需要通过指针找到对应的 Chunk 头结构。对于非对齐分配的内存而言，用分配出去的指针减去 Chunk 头大小即可。但对于对齐分配，这种方法可能会失效，因此需要在分配出来的对齐地址前存放一些信息，从而在释放的时候计算出 Chunk 头的位置。

3. 内存释放

内存在释放的时候会做空闲内存块合并，把相邻的空闲内存块合并成一个更大的空闲内存块。由于整个过程一直在持续，而且在系统初始状态下只有一块空闲内存块，所以内存释放时前后空闲内存块最多各有一块。释放的逻辑比较简单，且内存释放的时间复杂度为 O(1)。

5.3.2 两级分级匹配

两级分级匹配（Two-Level Segregate Fit，TLSF）是专为实时系统设计的动态内存管理算法，它拥有 O(1)的时间复杂度和较好的内存碎片状况。基于其这些特点，TLSF 在物联网操作系统中被广泛采用。其特点主要体现在两级上，在这个算法中，空闲内存被管理在双向链表中。双向链表是两级的，换成 C 语言的描述就是有一个双向链表的二维数组，所有的空闲内存块都存放在其中，使用两级 bitmap 描述哪些链表中存在空闲内存。其中，第一级 bitmap 描述二维数组中第一维的每一项是否空闲，每一位描述一项；第二级 bitmap 则进一步描述了二维数组中所有项的空闲情况。接下来对 TLSF 算法进行详细分析。

TLSF 算法的大体思想如下。

（1）将特定大小区间的空闲内存块放入同一个链表。

（2）内存分配的时候，选取与期望大小最接近的大小区间的链表并从中取一块即可。

（3）不必从选取的链表中寻求最小的块，直接选取一块即可。

TLSF 管理空闲内存块的方式如下。

（1）每个 2 的幂是一个大的区间（一级）。

（2）每个大的区间再等分成多个子区间（二级）。

（3）所有的一级区间使用一级 bitmap 管理，即 fl_bitmap。

（4）所有的二级区间使用 bitmap 数组管理，即 sl_bitmap[n]。

（5）所有的空闲内存块最终被管理在一个链表二维数组中。

TLSF 的实现就是对这些 bitmap 和双向链表的操作。在一个 32 位的系统中，不考虑优化，一级最多是一个 32 位的整数，二级则和二级区间的个数有关系。

接下来将介绍 TLSF 内存分配以及空闲内存块插入时链表的选择。

（1）所有空闲内存块按大小放入不同的链表。

（2）所有符合同一二级区间的空闲内存块被放在同一个链表中。

（3）每个链表中的内存被同等看待，在选取时，直接取一块即可。

所以，选取空闲内存块的最主要工作就是计算这两级数组的下标。

对于给定的大小，一级下标的计算非常简单，找到这个大小对应的数字最高为 1 的比特位数即可。例如，给定大小为 108，那么有：

```
                    6543210 ; bit
108 = 0x6c = 0b1101100
```

最高的 1 是 bit6，所以这个大小对应的一级下标就是 fl_index=6。一级下标计算换算成伪代码就是 fl_index=find_first_one(size)。

在上面的步骤中，已经找到了一级下标，也找到了最高的 1 的位置。同时，二级区间被划分为 2^n 个，所以，直接在最高的那个 1 的后面取 n 位就是二级下标。延续上例，假设 n=3，分成 8 个区间，那么：

```
                    6543210 ; bit
108 = 0x6c = 0b1101100
                     ___      ; 最高的 1 后面取 n（3）位得到二级下标位
                              sl_index = 0b101=5
```

二级下标计算换算成伪代码为：

```
sl_index = (size >> (fl_index - n)) - (1 << n);
```

内存分配时，为确保找到的下标的内存一定不小于当前的大小，一般要对下标进行调整，具体步骤如下。

（1）按照前文的步骤计算一级、二级下标。

（2）假定最坏情况，当前下标的链表中所有块的大小刚好都是最小，除了前（n+1）bit，剩下的 bit 全为 0。这个值在前面的例子中就是 0b1101000，保留前（3+1）bit，其余全为 0。类似二进制的对齐算法，要得到最小满足大小的下标，只需在当前 size 的基础上除去前面（n+1）个 1，后面的位全改为 1 即可。在前面的例子中，这个值就是 0b0000111。若用数学公式表示，这个数字就是(1<<(fl_index−n))−1。

所以，在查找时，index 的计算过程如下。

```
fl_index = find_first_one(size);
size += (1 << (fl_index - n)) - 1;
```

重新按前文提到的一级、二级下标计算方式计算即可。

5.3.3 slab

物联网操作系统中的动态内存分配机制 slab 与通常所说的 Linux 内核中的 slab 有所不同。Linux 中的 slab 有以下特点。

（1）用于缓存小对象。

（2）设计的初衷是加速小对象的分配和释放，其内部考虑了很多硬件 Cache Line 的问题。

但物联网操作系统中的 slab，例如，Huawei LiteOS 中的 slab，设计的初衷是减少内存碎片，它具有以下几个特点。

（1）实现了前面讨论的动态内存管理，在初始化的时候所管理的内存是前文讨论的动态内存分配模块提供的。

（2）初始化时创建 4 个 slab 池，每个池具有 512 字节。

（3）初始化时创建的 4 个 slab 池分别管理 16 字节、32 字节、64 字节、128 字节的空间。

（4）调用内存分配模块的时候，先尝试从 slab 中分配，再从动态内存池中分配。从 slab 中分配的内存加有特殊的标记，在释放的时候可以判断这块内存是不是从 slab 中分配出来的。

Huawei LiteOS 中的 slab 存在内存浪费现象，正如前文所述，在调用 LOS_MemAlloc 的时候，如果配置了 slab，则优先从 slab 中分配，而且 slab 池的大小是固定的：16 字节、32 字节、64 字节、128 字节。在分配诸如 4 字节、20 字节、34 字节、70 字节的时候，其实际分配大小如表 5-1 所示。

表 5-1　　slab 期望分配大小和实际分配大小

期望分配大小	实际分配大小
4 字节	16 字节
20 字节	32 字节
34 字节	64 字节
70 字节	128 字节

使用 heap 来分配同样大小的内存时，其实际分配大小如表 5-2 所示。

表 5-2　　heap 期望分配大小和实际分配大小

期望分配大小	实际分配大小
4 字节	12 字节
20 字节	28 字节
34 字节	42 字节
70 字节	78 字节

可以看到 slab 浪费了一些内存，最差的情况下多了 50 字节。如果调用者想回避前述的内存浪费问题，则需要考虑 slab 的大小固定，分配之后也无法动态增长；而选用 heap 分配内存时，实际分配大小相较于期望分配大小多了 8 字节，用于存放 ACH 信息。在物联网操作系统中，很多初始化时的内存分配在整个系统运行过程中都是不会释放的，也就是说，在初始化阶段，slab 可能就已快消耗尽了，这些浪费的内存自然也无法再被用到。在配置是否开启 slab 时，需要将这些潜在问题考虑在内。

5.3.4 内存池

内存池是在真正使用内存之前，先申请分配一定数量的、大小相等的内存块备用。当有新的内存需求时，就从内存池中分出一部分内存块，若内存块不够，则继续申请新的。这样做的一个显著优点是内存分配效率得到了提升。在具体实现中，Huawei LiteOS 中的内存池是被称为 membox 的模块，在 Huawei LiteOS 的其他文档中也称其为静态内存，其实还是将其称为内存池更合适。就功能而言，这个模块更加接近于 Linux 中的 slab。

Huawei LiteOS 的内存池主要管理一块给定的内存，这块内存可以是在编译的时候定义的数组，也可以是运行期间动态分配的内存。它在初始化的时候把要管理的内存按对象大小进行切分，并把这些对象链接到一个链表中。分配的时候，把要分配的对象从链表中摘除，释放的时候再把对象链接进来即可。

5.3.5 内存初始化

Huawei LiteOS 的所有初始化操作都在内核初始化接口 LOS_KernelInit 中完成，包括内存管理部分。内存管理初始化的调用关系如图 5-4 所示。

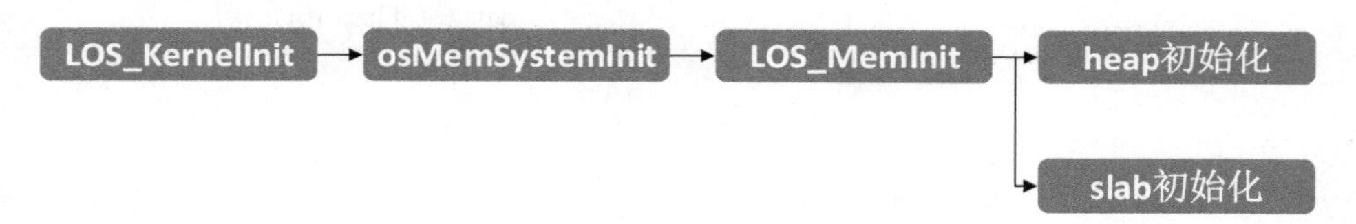

图 5-4　内存管理初始化的调用关系

其中，heap 的初始化和各个实现有关（如 best-fit-little、TLSF）。

内存管理模块要初始化，就需要一块供它管理的内存块。操作系统会把除操作系统本身的 ELF 文件所用到的内存之外的所有物理内存全部交给动态内存管理模块。下面具体介绍这些内存的获取。

嵌入式领域比较流行的编译工具包括 GCC、Keil 和 IAR。无论哪一种编译工具，编译出来的结果都是 ELF 文件，毕竟 ELF 标准已经诞生数十年，定义和应用都成熟了。ELF 文件可以粗略地分为以下几个段：.text、.data 和.bss。

在物联网操作系统中，.text 段一般在 NorFlash 中，本地执行，不会复制到 RAM 中；.data 段被放在 Flash 中，运行 C 函数前要复制到特定的位置；而.bss 段只需要在运行前初始化为 0 即可。图 5-5 展示了三者的关系布局。

图 5-5 中，从.bss 段结束到物理地址结束的内存是可以交给动态内存管理的，有些系统会把异常栈放在物理地址的最高处，对于这样的情况，需要把异常栈需要的位置划拨出来。

在使用 GCC 开发的时候，必须提供链接脚本，供链接器使用，只需在链接脚本中定义一个符号指明.bss 的结尾即可。另外，物理地址的结束位置是板级支持包（Board Support Package，BSP）可以指定的。Keil 中也存在类似链接脚本的内容，但 Keil 将其称为分散加载文件，并且其中不可以导出符号。

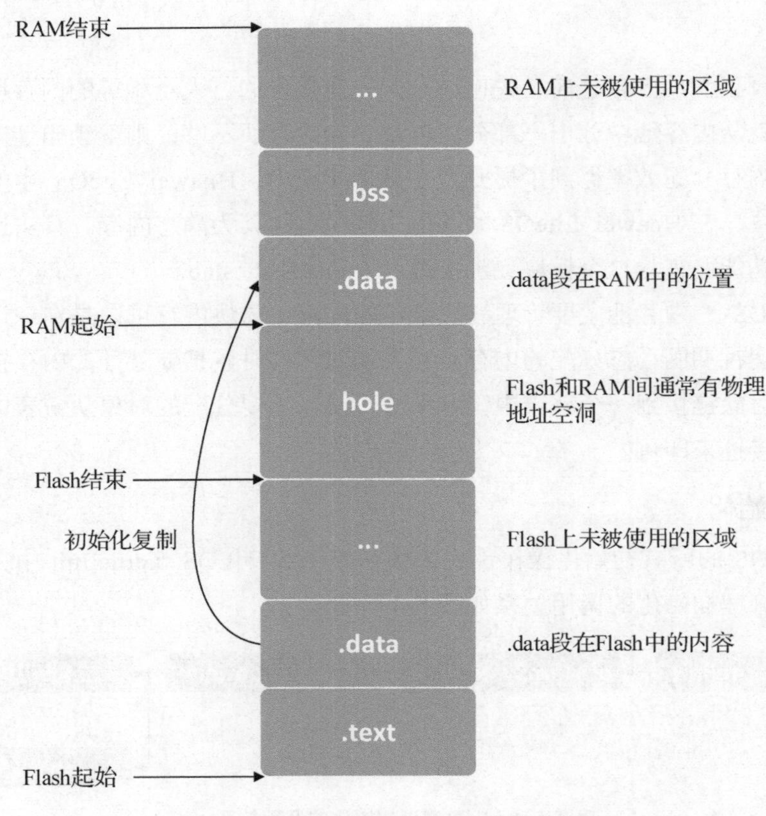

图 5-5　ELF 文件格式及各段的关系布局

5.4　小结

内存是操作系统中的重要资源，在嵌入式系统中，内存珍贵稀缺，这使得内存管理变得尤为重要。良好的内存管理不仅可以最大化利用内存资源，还可以提高内存分配速度，减少内存浪费等。

本章介绍了内存管理和动态内存的概念，并介绍了动态内存管理的多种实现方法，以 Huawei LiteOS 为例展示了具体实现细节，使读者对内存管理有完整且深入的认识，从而开发出更加健壮的应用程序。

第6章 存储管理

06

学习目标

① 了解操作系统中的文件系统
② 了解物联网操作系统支持的常见文件系统
③ 了解虚拟文件系统和网络文件系统

内存的大小通常是有限的，且易失性的内存在断电后无法保存之前的数据和程序。因此,要想长久保留数据，操作系统需要额外的外存进行存储。文件系统则便于计算机及用户进行存储和访问。传统的文件系统主要由两部分组成：文件集合和目录结构。

在传统操作系统中，文件系统是必不可少的一部分。在物联网操作系统中，由于终端设备资源限制、网络连接的稳定性等原因，文件系统在终端是可选的，但是终端和云端中，至少有一端必须要有文件系统。当下的物联网操作系统已实现了对多种主流文件系统的支持。

本章将先简单介绍传统文件系统的基本知识点，再讨论物联网应用对文件系统的需求，最后以 Huawei LiteOS 为例介绍当前物联网操作系统支持的多种文件系统。

6.1 文件概念

为方便用户使用，操作系统提供了信息存储的统一逻辑视图。操作系统对存储设备的物理属性加以抽象，从而定义了逻辑存储单位，即文件。文件由操作系统映射到物理设备上。这些存储设备通常是非易失性的，因此，在系统重新启动之前内容可以持久存储。

文件是记录在外存上的相关信息的命名组合。从用户角度来看，文件是逻辑外存的最小分配单元，也就是说，数据只有通过文件才能写到外存中。通常，文件表示程序（源形式和目标形式）和数据。数据文件可以是数字的、字符的、字符数字的或二进制的。文件可以是自由形式的，如文本文件（Text File），也可以是具有严格格式的。通常，文件为位、字节、行或记录的序列，其含义由文件的创建者和用户定义。因此，文件的概念非常通用。

文件信息由创建者定义。文件可存储许多不同类型的信息，如源程序或可执行程序、数字或文本数据、照片、音乐、视频等。文件具有某种定义的结构，具体取决于其类型。文本文件为按行（可能还有页）组织的字符序列，源文件（Source File）为函数序列，而每个程序包括声明和可执行语句。可执行文件（Executable File）为一系列代码段，供加载程序调入内存并执行。

6.1.1 文件属性

每个文件除了保存的数据外，还有额外的属性用于辨识、分类、定位、保护等。文件的属性因不同操作系统而异，但通常包括以下几类。

（1）名称：文件名称是以人类可读的形式来保存的唯一信息。文件被命名后可方便人类用户使用，通过名称还可以引用文件。文件名称通常为字符串，如 example.txt。

（2）标识符：标识符通常为数字，用于唯一标识文件系统中的文件。它也是文件的一种名称，但不是人类可读的。

（3）类型：支持不同类型文件的系统需要这种信息。在 Windows 及 Linux 操作系统中，文件名的扩展名用于标识文件的类型。例如，扩展名.txt（如 example.txt）表示文本文件，扩展名.exe（如 example.exe）表示可执行文件等。

（4）位置：该信息为指向设备与设备上文件位置的指针。当用户需要访问文件时，操作系统可根据该文件的指针找到并获取对应文件内容。

（5）尺寸：该属性包括文件的当前大小（以字节、字或块为单位）以及允许的最大尺寸。

（6）保护：保护信息用于控制访问权限，确定谁能进行读取、写入、执行等操作。

（7）时间、日期和用户标识：该属性保存了文件创建、最后修改和最后使用的相关信息。

所有文件都会保存在目录结构中，而目录结构也保存在外存中。通常，目录的条目由文件名称及其唯一的标识符组成，根据文件标识符可定位其他文件属性。记录单个文件的所有信息可能超过 1KB。因此，在具有多个文件的系统中，目录本身的大小可能就有数兆字节。为了保证非易失性，目录必须存在外存设备上并根据需要载入内存。

6.1.2 文件操作

文件是抽象的数据类型，为了正确定义文件，要考虑可对文件执行的操作。操作系统一般提供了系统调用函数，用于创建、写入、读取、重新定位、删除和截断文件。

（1）创建文件：创建文件需要两个步骤。首先，必须在文件系统中为文件找到空间；其次，要在目录中创建新的文件条目。

（2）写入文件：为了写入文件，要使用系统调用指定文件名称和要写入的文件信息。根据给定的文件名称，系统会搜索目录以查找文件位置。系统应保留写指针（Write Pointer），指向需要进行下次写操作的文件位置。当发生写操作时，写指针必须被更新。

（3）读取文件：为了读取文件，要使用系统调用指明文件名称和需要文件的下一个块存放的内存地址。同样，搜索目录以找到相关条目，系统需要保留一个读指针（Read Pointer），指向要进行下一次读取操作的文件位置。发生读取操作时，读指针必须被更新。因为进程通常从文件读取或写入文件中，所以当前操作位置都可以作为进程的当前文件位置指针（Current File Position Pointer）使用。读取和写入操作都使用相同的指针，可节省空间并降低系统复杂性。

（4）重新定位文件：搜索目录以寻找适当的条目，并且将当前文件位置指针重新定位到初始值。重新定位文件不需要任何其他的文件操作。

（5）删除文件：为了删除文件，要在目录中搜索给定名称的文件。找到关联的目录条目后，释放所有文件空间，以便其被其他文件重复使用，并删除目录条目。

（6）截断文件：用户可能想要删除文件的内容，但保留它的属性。这并不是强制用户删除文件后再创建文件，这个功能允许所有属性保持不变（除了文件长度以外），但会使文件重置为0，并释放其文件空间。

这 6 个基本操作组成了所需文件操作的最小集合。其他常见操作包括将新信息附加到现有文件末尾和重命名现有文件。这些基本操作可以组合起来实现其他文件操作。例如，创建一个文件副本，或复制文件到另一个设备中等。

上面提及的大多数文件操作涉及搜索目录，以得到命名文件的相关条目。为了避免这种搜索，许多系统要求，在首次使用文件之前调用 open()。操作系统中有一个打开文件表（Open-File Table），其用于维护所有打开文件的信息。当请求文件操作时，可通过该表索引指定文件，而不需要搜索。系统调用 open()后通常返回一个指针，以指向打开文件表的对应条目。当文件最近不再使用时，进程调用 close()以从打开文件表中删除对应条目。系统调用 create()和 delete()是针对关闭文件而不是打开文件进行的操作。

有的操作系统提供了锁定打开文件的功能。文件锁（File Lock）允许一个进程锁定文件，以防止其他进程访问。文件锁对于多个进程共享的文件很有用，如系统中多个进程可以访问和修改的系统日志文件。使用文件锁要与使用普通进程同步一样谨慎。例如，在具有强制锁定功能的系统上开发时，应确保只有在访问文件时才锁定独占文件。否则，系统将阻止其他进程对该文件进行访问。此外，必须采取一些措施来确保两个或多个进程在尝试获取文件锁时不会卷入死锁。

6.1.3　文件类型

设计文件系统时，需要考虑操作系统是否识别和支持此文件类型。如果是操作系统可识别的文件类型，则可以按合理的方式来操作文件。操作系统也可以提前阻止用户尝试执行一个文本文件这类无意义的操作。

实现文件类型的常见技术是将类型作为文件名的一部分。文件名分为两部分，即名称和扩展名，通常用句点分开。如此一来，用户和操作系统仅通过文件名就能得知文件的类型。大多数操作系统允许用户将文件名命名为字符序列，后跟一个句点，再以对应文件类型的扩展名结束，如 readme.txt、server.c 等。物联网操作系统支持的常见文件类型如表 6-1 所示。

表 6-1　物联网操作系统支持的常见文件类型

文件类型	常用扩展名	含义
可执行文件	.exe，.com，.bin	可运行的机器语言程序
目标文件	.obj，.o	已编译的、尚未链接的机器语言
源代码文件	.c，.cpp，.java，.perl，.asm	各种语言的源代码

续表

文件类型	常用扩展名	含义
批处理文件	.bat，.sh	命令解释程序的命令
标记文件	.xml，.html，.tex	文本数据、文档
文字处理文件	.xml，.rtf，.docx	各种文字处理程序的文件
库文件	.lib，.a，.so，.dll	为程序员提供的程序库
打印或可视文件	.gif，.pdf，.jpg	打印或图像格式的二进制文件
档案文件	.rar，.zip，.tar	压缩文件，用于归档存储
多媒体文件	.mpeg，.mov，.mp3，.mp4	包含音频或视频信息的二进制文件

操作系统使用扩展名来指示文件类型和可用于文件的操作类型。例如，只有可执行文件和批处理文件才能执行。应用程序也使用扩展名来表示感兴趣的文件类型，如C语言的源文件扩展名为.c。

6.2 目录结构

一台物联网设备可能存有数千、数百万甚至数十亿个文件，需要通过目录结构来分类存储，以方便管理和索引。设备目录（常称为目录）记录所有文件的信息，如名称、位置、大小和类型等。

6.2.1 目录概述

目录可视为符号表，可将文件名称转换为目录条目。采取这种观点，可按许多方式来组织目录。这种组织允许用户搜索文件、创建目录、删除目录、遍历目录、重命名文件、遍历文件系统等。

（1）搜索文件：需要能够搜索目录结构，以查找特定文件的条目。由于文件具有符号名称，并且类似名称可以指示文件之间的关系，所以可能需要查找文件名称以匹配特定模式的所有文件。

（2）创建目录：需要时，创建新的目录，并添加到原有目录中。

（3）删除目录：当不再需要目录时，删除目录及其所有文件。

（4）遍历目录：需要能够遍历目录内的文件，以及目录内每个文件的目录条目的内容。

（5）重命名文件：由于文件名称可向用户指示内容，因此当文件内容和用途改变时，名称也应改变。重命名文件时允许改变文件在目录结构内的位置。

（6）遍历文件系统：用户可能希望访问每个目录和目录结构内的每个文件。为了实现可靠性，应养成定期备份整个文件系统的内容和结构的习惯。这种备份通常将所有文件复制到磁带中。这种技术提供了备份副本，以防止系统出错。此外，当某个文件不再使用时，可被复制到磁带中，它原来占用的磁盘空间可以释放以供其他文件使用。

目录结构有多种类型，如树形目录和无环图目录等。不同的文件系统使用的目录结构是不同的。

6.2.2　树形目录

1. 单级目录

目录分级是一种常用的目录结构划分思路。最简单的是单级目录，即所有文件都包含在同一个目录中，如图 6-1 所示。

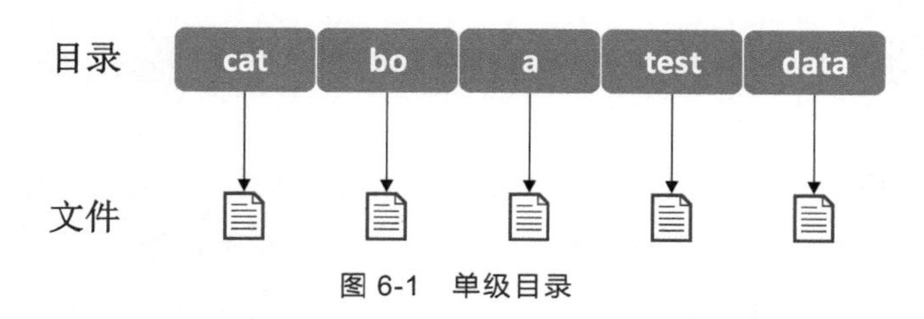

图 6-1　单级目录

然而，当文件数量增加或系统有多个用户时，单级目录则存在较大限制。因为所有文件位于同一个目录中，它们必须有唯一的名称用于索引。此时，若两个用户都命名数据文件为 test.txt，便违反了唯一名称的规则。随着文件数量的增加，即使只有单个用户，也很难记住所有文件的名称。同时，跟踪这么多文件也是艰巨的任务。

2. 两级目录

为了解决多个用户的问题，可为每个用户创建一个单独的目录，即用户文件目录（User File Directory，UFD）。这些 UFD 具有类似的结构，但只列出了单个用户的文件。当用户作业开始或用户登录时搜索系统的主文件目录（Master File Directory，MFD）。通过用户名或账户可索引 MFD，每个条目指向该用户的 UFD，具体结构如图 6-2 所示。

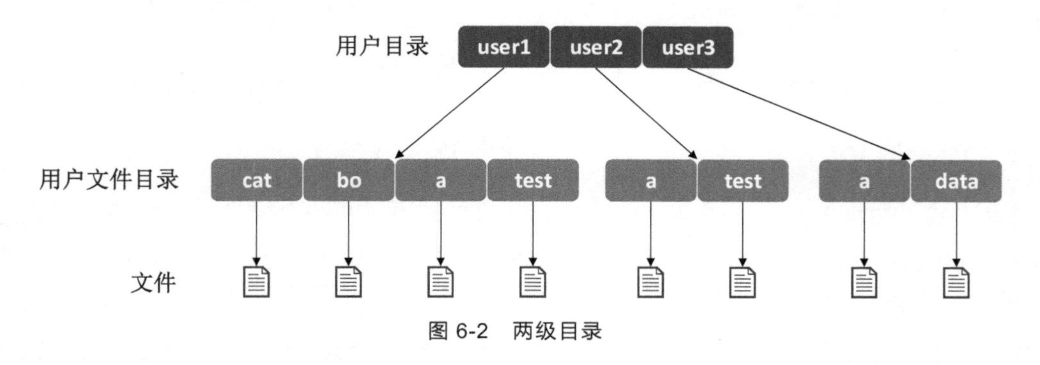

图 6-2　两级目录

当用户引用特定文件时，只需搜索自己的 UFD。因此，不同用户可能拥有相同名称的文件，只要每个 UFD 中的所有文件名都是唯一的即可。当用户创建文件时，操作系统只需要搜索该用户的 UFD，以确保名称的唯一性；当用户删除文件时，操作系统只需在局部进行 UFD 搜索并删除指定文件，而不会意外删除另一个用户具有相同名称的文件。

两级目录结构通过用户隔离特性解决名称碰撞的问题，但这种隔离性在多个用户需要合作并访问彼此的文件时，便成了缺点。有的系统甚至根本不允许本地用户文件被其他用户访问。

如果允许访问，则一个用户必须能够指明另一个用户目录中的文件。为了唯一命名两级目录内的特定文件，必须同时给出用户名和文件名，即文件的路径名（Path Name）。虽然不同用户可以创建相同的文件名，但是系统中的每个文件都有一个唯一的路径名。要想唯一命名指定文件，必须给出完整的路径名。

每个操作系统都有特定的路径名的语法，比较常见的是使用 / 进行划分。例如，用户 A（usera）中名称为 test.txt 的文件，它的完整路径名为/usera/test.txt。用户要想访问自己的文件，可以通过路径名或直接通过文件名进行索引，而若试图访问其他用户的文件则必须给出完整的路径名。

3. 多级目录

两级目录可以理解为两级的树。其树根为 MFD，第一层后代为 UFD，而每一个 UFD 的后代是文件本身，文件为树的叶。将这种树形结构推广到更多层，便允许用户创建自己的子目录并相应地组织文件，如图 6-3 所示。树是最常见的目录结构，有一个根目录，系统内的每个文件都有唯一的路径名。

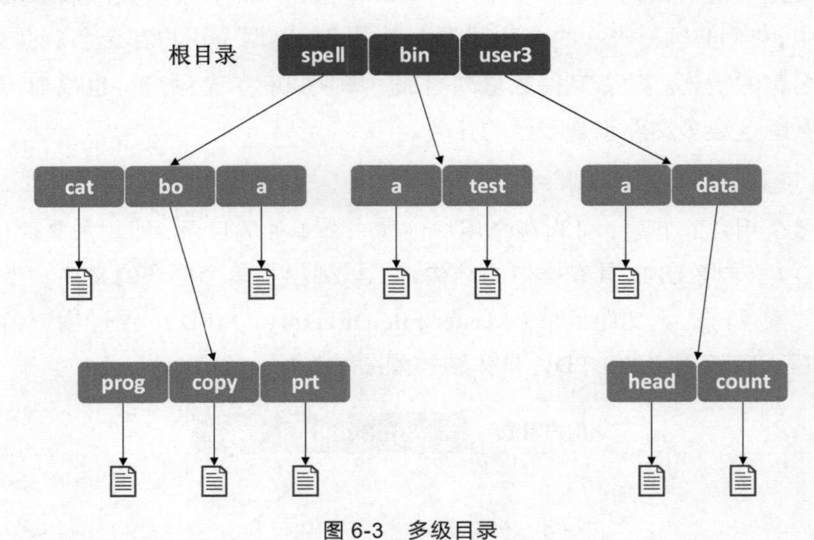

图 6-3 多级目录

目录（或子目录）包括一组文件或子目录。目录只不过是一个文件，但按特殊方式进行处理。所有目录具有同样的内部格式，每个目录条目中都用一位来表示该条目的文件（0）或子目录（1）。通过特殊的系统调用，可创建和删除目录。

常规使用中，每个进程都会有一个当前目录（Current Directory），包含进程当前感兴趣的大多数文件。当进程仅通过文件名引用一个文件时，会在进程的当前目录下进行搜索。如果所需文件不在当前目录中，则必须指定一个路径名或将当前目录更改至文件所在目录。用户可以通过系统调用重新定义当前目录至指定目录。

有了子目录的概念后，路径名便有了两种形式：绝对路径名（Absolute Path Name）和相对路径名（Relative Path Name）。这两种路径名的区别在于搜索起点不同。绝对路径名从根开始搜索，遵循一个路径到指定文件。相对路径名从当前目录位置开始搜索，定义一个路径。例如，假设根结点为 root，当前目录为 root/spell/mail，则相对路径名 prt/first 与绝对路径名

root/spell/mail/prt/first 指向同一个文件。

如何删除目录是一个有趣的问题。如果目录为空，则删除目录就是简单地删除这条目录条目。然而，如果要删除的目录不为空而是包含了若干文件和子目录，则要面临两种选择。有的系统不允许删除非空目录，因此，在删除非空目录前，用户需要先删除目录中包含的文件和子目录。对于子目录，用户也需要递归地应用此过程。在整个过程中，用户可以确认目录中的文件是否确实需要被删除，以避免误删。但这同时需要大量的操作。Huawei LiteOS 也可以通过 rm 命令在删除目录的同时删除目录中的所有内容。这一方法虽快捷省时，但存在着较高的风险。

采用树形结构，用户可以定义自己的子目录，按一定的结构来组织文件。例如，使用不同目录关联不同主题的文件或不同形式的信息。使用这种组织方式，即使文件数量非常庞大，用户也可以根据需求快速找到想要的文件。同时，只要有对应的权限，用户也可以通过绝对路径名来访问其他用户的文件。

6.2.3 无环图目录

假设两个程序开发人员正在开发联合项目。与该项目相关联的文件可以保存在一个子目录中，以区分其他项目和文件。但两个程序开发人员平等地负责该项目，都希望该项目在自己的目录内。在这种情况下，就需要使用共享的公共子目录。

树结构中是禁止共享文件和目录的。无环图（Acyclic Graph）即没有循环的图，是允许目录共享子目录和文件的，其同一个文件或子目录可以同时成为两个子目录的后代。无环图目录如图 6-4 所示，是树形目录结构的拓展。

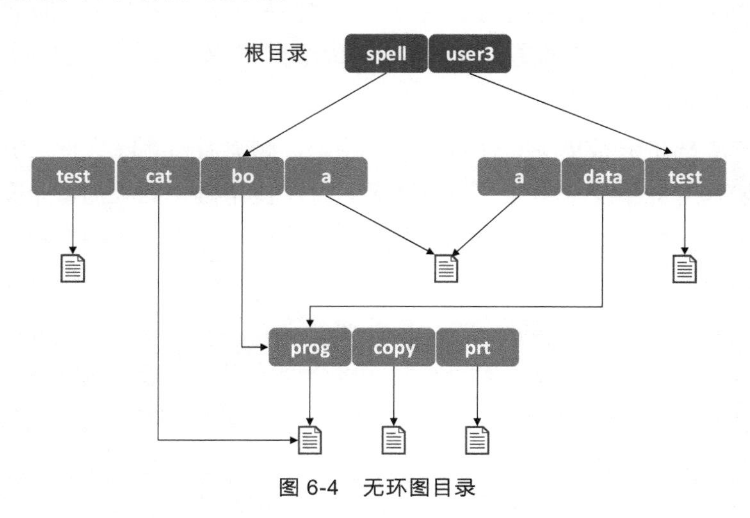

图 6-4 无环图目录

无环图目录中的共享文件或目录并不是副本。如果是副本，则两个用户可以查看副本而不是原件。当一个用户做出更改时，另一个用户的副本并不会发生变动。对于共享文件，实际上只存在一个文件，因此用户所做的任何更改都会立即被其他用户所看到。同时，用户创建的新文件会自动出现在所有共享子目录中。

共享文件和目录的实现方法有多种。许多物联网操作系统所采用的方法是创建一个名为链接的新目录条目。链接实际上是指向另一个文件或子目录的指针，这个指针可以用实际文件（或目录）的绝对路径名或相对路径名来实现。搜索目录引用文件时，发现该目录条目为链接，可根据路径名定位真实文件。在遍历目录时，操作系统会忽略这些链接以维护系统的无环结构。

链接方法是单向的，两者是不对等关系。因此，另一种方法是在两个共享目录中复制有关它们的所有信息，从而使两个条目相同且相等。这样确保了平等关系，但是会导致原件和副本难以区分。此外，在修改文件时，也要考虑维护一致性。

无环图目录的结构比简单的树形结构更灵活也更复杂，由此衍生出许多待考虑的问题。首先，在允许共享的无环图目录中，文件不再拥有唯一的绝对路径名。因此，不同的文件名可能指向同一个文件，这种情况类似于编程语言中的别名问题。在试图遍历整个文件系统时，如查找一个文件或备份存储等，这个问题变得格外重要。考虑到性能问题，需要尽量避免重复遍历无环图中的共享部分。一再强调无环也是为了避免在遍历时进入死循环。

其次，在删除共享文件时，需要考虑其他指向它的链接。如果只单纯删除了文件并释放了分配空间，则会留下空指针且指向不存在的文件。如果系统的链接指针不仅包含了路径名，还包含了实际磁盘地址，而空间被分配给了新的文件，则这个指针可能指向了其他文件的中间部分，从而导致不可预知的问题。

为了解决这个问题，许多系统使用符号链接实现共享，即链接仅保存索引信息而非实际内容或存储空间地址。在这种情况下，删除链接不影响源文件。而源文件删除时，文件的空间就会被释放，链接会悬空，即通过链接无法找到任何信息。用户可以搜索这些链接并删除，除非文件保持一个关联的链接列表，否则需要遍历整个文件系统。或者也可以保留所有悬空链接，直到下次试图使用它们时将其删除（如其他需要遍历文件系统的操作）。通常情况下，用户需要自己意识到链接的文件已经被删除或替换了。

另一种删除方法是在确保文件所有的引用链接都被删除后再删除文件。为了实现这种方法，必须有一种机制来确定文件没有其他的引用链接。可以使用链接列表为每个文件（或子目录）保存所有的引用链接。每一个链接的创建和删除都会体现在这个列表中。只有文件的链接列表为空时才能将其删除。

这种方法的缺点是链接列表是可变的，且可能会很大。因此，实际上并不需要保留整个列表，而只需要保留文件的引用计数。添加新的链接会增加引用计数，删除链接则递减计数。当计数为 0 时，文件可以删除。UNIX 操作系统的非符号链接（或硬链接）采用了这种方法，在文件信息块中加入了引用计数。

当然，为了避免上述问题，有些系统简单地禁止了共享目录或链接。

6.3 物联网的文件系统

物联网应用场景的普遍特点就是资源紧缺。设备的小体积在硬件条件上限制了其运算资源，而低能耗的要求更是不允许设备拥有强劲但耗能的运算能力。因此，通过稀缺的资源快速实时地完成任务并保持较长的续航是大多数物联网应用的首要目标。为了达到这个目标，物联网会把传统操作系统中的许多功能舍弃以节省资源，其中文件系统就有可能被从终端移除而配置到云端。

一方面，物联网设备大多保持联网状态（互联网或局域网），产生的数据可以通过网络发送至服务器或特定终端进行保存。其数据多为采集数据、分析数据和日志等文本信息，数据量较小，在现有网络传输能力下完全不会产生数据堆积等问题。同时，网络传输数据使用的是通信芯片的运算资源，与 CPU 无关，也就对业务进程没有影响。而本地 I/O 是占用 CPU 的，可能会阻碍业务进程，降低业务的实时性。

另一方面，硬件条件上也存在限制。单片机芯片的 Flash 容量大多不超过 512KB，其主要用途是存储操作系统内核。想要利用剩余空间建立文件系统几乎是不可能的。因此，想要建立文件系统，需要额外使用 SD 卡等外存设备进行存储。这便需要更多空间，扩大设备体积，在某些对设备体积有极其严格要求的应用场景下这一方法可能就不适用了。

然而，在某些应用场景下，物联网终端还是需要文件系统发挥重要作用。例如，在网络条件不稳定的场景下，会出现因短期的网络传输能力减弱而导致的数据堆积。数据持续堆积在内存中，长时间会导致内存资源不足。为了释放内存资源并保持系统正常运行，一些数据就不得不被丢弃。为了在网络条件变差期间避免数据丢失，需要文件系统将数据暂时存储在本地，等待网络恢复后继续发送。

此外，在有些情况下，设备会在本地对收集到的数据进行处理和分析，其中包括根据历史数据做预测等。若所需的数据周期较长，则需要事先将数据存储在外存设备上，在需要时读取并分析。这类应用数据收集的间隔可能较长，且对实时性的要求没有特别高，但配备的硬件条件更高，可支持文件系统做更多的操作，包括文件 I/O。

6.4　文件系统支持

为了最大限度地满足不同的开发需求，物联网操作系统支持大部分的主流文件系统，允许开发人员根据应用需求和自身偏好自由选择文件系统进行开发。例如，当应用的存储设备需要频繁接入 Windows、Linux 等桌面系统时，可使用文件配置表（File Allocation Table，FAT）文件系统。

Huawei LiteOS 目前支持的文件系统包括虚拟文件系统（Virtual File System，VFS）、网络文件系统（Network File System，NFS）、日志文件系统版本 2（Journalling Flash File System Version 2，JFFS2）、FAT、YAFFS2、RAMFS 和 PROC，如表 6-2 所示。

表 6-2　Huawei LiteOS 目前支持的文件系统

文件系统	功能
VFS	VFS 的作用就是采用标准的 UNIX 系统调用函数读写位于不同物理介质上的不同文件系统，即为各类文件系统提供一个统一的操作方式

续表

文件系统	功能
NFS	NFS 的最大功能是通过网络，让不同的机器、不同的操作系统彼此分享其他用户的文件
JFFS2	JFFS2 的功能是管理在设备上实现的日志型文件系统，主要应用于对 NorFlash 的文件管理。Huawei LiteOS 的 JFFS2 支持多分区
FAT	FAT 文件系统分为 FAT12、FAT16、FAT32、exFAT 等。在可移动存储介质（U 盘、SD 卡、移动硬盘等）中多使用 FAT 文件系统，以使设备与 Windows、Linux 等桌面系统之间保持良好的兼容性
YAFFS2	YAFFS 是 Yet Another Flash File System 的简称，是一种开源的、针对 NandFlash 的嵌入式文件系统，适用于大容量的存储设备，同时使得 NandFlash 具有高效性和健壮性。 YAFFS2 为文件系统提供了损耗平衡和掉电保护，以保证数据在对文件系统进行修改的过程中不会因发生意外而损坏。Huawei LiteOS 的 YAFFS2 支持多分区
RAMFS	RAMFS 是一种基于 RAM 的文件系统。RAMFS 把所有的文件都放在 RAM 中，所以读/写操作发生在 RAM 中，避免了对存储器的读写损耗，也提高了数据的读写速度。RAMFS 是基于 RAM 动态文件系统的一种存储缓冲机制
PROC	PROC 文件系统是一种伪文件系统，只存在于内存中，而不占用外存空间。它以文件系统的方式为访问系统内核数据的操作提供接口

接下来将着重介绍其中的 3 个文件系统：VFS、NFS 和 FAT。

6.4.1 VFS

VFS 是一个异构文件系统之上的软件粘合层，为用户提供了统一的 UNIX 文件操作接口。

由于不同类型的文件系统接口不统一，所以若系统中有多个文件系统类型，访问不同的文件系统就需要使用不同的非标准接口。而在系统中添加 VFS 层，就提供了统一的抽象接口，屏蔽了底层异构类型的文件系统的差异，这使得访问文件系统的系统调用时，不用关心底层的存储介质和文件系统类型，提高了开发效率。

在 Huawei LiteOS 中，VFS 框架是通过内存中的树形结构实现的，树的每个结点都是一个 inode 结构体。设备注册和文件系统挂载后会根据路径在树中生成相应的结点。VFS 主要具有以下两个功能。

（1）查找结点。

（2）统一调用（标准）。

通过 VFS 层，可以使用标准的 UNIX 文件操作函数（如 open、read、write 等）来实现对不同介质上不同文件系统的访问。

图 6-5 展示了 VFS 的框架。VFS 框架内存中的 inode 树结点有以下 3 种类型。

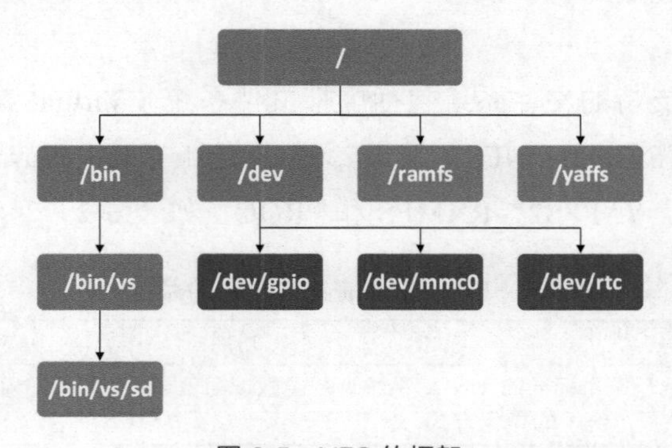

图 6-5　VFS 的框架

（1）虚拟结点：作为 VFS 框架的虚拟文件，保持树的连续性，如/bin 和/bin/vs。

（2）设备结点：位于/dev 目录下，对应一个设备，如/dev/mmc0。

（3）挂载点：调用 mount 函数后生成，如/bin/vs/sd、/ramfs、/yaffs。

inode 的关键在于 u 和 i_private 字段，前者是函数方法结构体的指针，后者是数据指针。

6.4.2 NFS

NFS 的最大功能是通过网络，让不同的机器、不同的操作系统彼此分享其他用户的文件。因此，用户可以将它简单地看作一个文件系统服务，在一定程度上相当于 Windows 环境中的共享文件夹。

NFS 客户端用户能够将网络中的远程 NFS 主机分享的目录挂载到本地端的机器或设备中，运行程序和共享文件，但不占用当前的系统资源，所以，在本地端的机器看来，远程主机的目录就好像是自己的一个磁盘一样，这样能够使本地工作站使用更少的磁盘空间，软驱、CDROM 和 ZIP（一种高存储密度的磁盘驱动器与磁盘）之类的存储设备可以在网络中被其他机器使用。这可以减少整个网络中可移动介质设备的数量。

图 6-6 展示了 NFS 的框架。

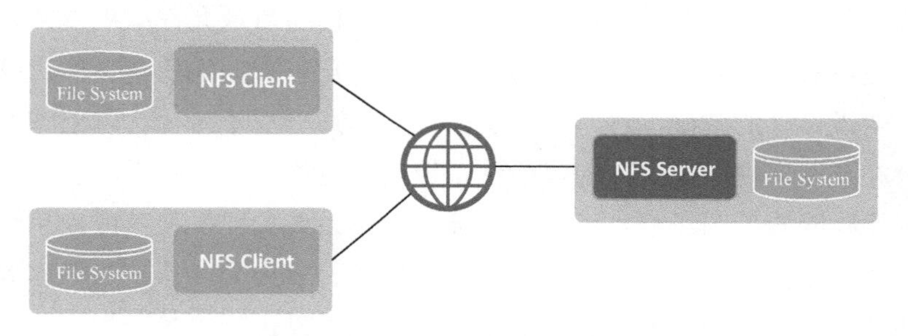

图 6-6 NFS 的框架

Huawei LiteOS 的 NFS 支持将主机端的 NFS 目录（/home/Huawei_LiteOS/nfs）映射到客户端（/nfs），两者内容相同并保持同步。

6.4.3 FAT

FAT 文件系统分为 FAT12、FAT16、FAT32、exFAT 等。FAT 文件系统将硬盘分为 MBR 区、DBR 区、FAT 区、DIR 区和 DATA 区这 5 个区域。

FAT 文件系统支持多种介质，在可移动存储介质（U 盘、SD 卡、移动硬盘等）上广泛使用，可以使嵌入式设备和 Windows、Linux 等桌面系统保持很好的兼容性，以方便用户管理操作文件。

Huawei LiteOS 的 FAT 文件系统具有代码量和资源占用量小、可裁切、支持多种物理介质等特性，并且与 Windows、Linux 等操作系统兼容，支持多设备、多分区识别等功能。

Huawei LiteOS 的 FAT 文件系统支持硬盘多分区，可以在主分区及逻辑分区上进行文件操作。同时，Huawei LiteOS 可以识别出硬盘上其他类型的文件系统，如NTFS，且 Huawei LiteOS 当前只支持 MBR 格式的分区。

Huawei LiteOS 支持基于 FAT32 的虚拟分区特性。当开启虚拟分区特性时，用户可通过调用特定设置接口，对特定的物理分区配置虚拟分区的数量、空间百分比大小、入口名等参数，并根据设置的入口名，在根目录中建立对应的文件夹作为虚拟分区入口。在对应的虚拟分区内部进行操作，即视为在对应的物理分区内进行操作。

当所有虚拟分区的空间百分比总和未达到100%时，允许在虚拟分区入口目录外进行写入操作，此时，所有虚拟分区入口外部的总可写入空间即为百分比总和剩余的部分空间。若所有虚拟分区的空间百分比总和达到了100%，则会在虚拟分区入口目录外部以空间不足的理由，拒绝写入操作。

6.5 小结

文件是由操作系统定义和实现的抽象数据类型，它是逻辑记录的一个序列；而逻辑记录可以是字节、行或更为复杂的数据项。操作系统可以专门支持各种记录类型，或者让应用程序提供支持。

文件系统的目录列出了设备上文件的位置。另外，创建目录允许组织文件。单级目录在多用户系统中会出现重命名问题；两级目录通过为每个用户单独创建用户文件目录解决了这个问题；多级目录在两级目录的基础上进行了扩展，允许用户创建子目录，以组织文件；无环图目录允许共享目录和文件，提供了更高的灵活性，但也使得搜索和删除更为复杂。

虽然大部分物联网应用为了节省资源而放弃了文件系统，但是在某些应用场景下，文件系统依然起着重要的作用。例如，在网络条件差的环境下，需要文件系统对采集的数据和日志做本地暂存；在硬件条件允许的情况下，可以存储历史数据以进行更多分析。

为了最大限度地满足不同的开发需求，物联网操作系统实现了对大部分主流文件系统的支持，允许开发人员根据应用需求和自身偏好自由选择文件系统进行开发。

第7章 能耗管理

07

学习目标

① 了解物联网操作系统中能耗管理的重要性
② 掌握 CPU 占有率的记录方式
③ 了解休眠唤醒机制及其应用场景
④ 了解 Tickless 及其对节省能耗起到的关键作用

物联网中的设备能耗管理是一项具有挑战性的任务。良好的能耗管理可以支持设备的可靠、长时间工作；反之，设备将无法长时间工作。特别是在设备只能依靠电池提供电能的场景下，更低的耗能意味着更长的续航时间，也延长了工作人员对设备进行检修和电池更换的周期。

物联网操作系统普遍设计了高效的能耗管理方案。例如，Huawei LiteOS 提供了命令以帮助开发人员快速确认设备 CPU 占有率。同时，它的休眠唤醒与 Tickless 机制允许设备在等待业务期间进入深度睡眠状态，大大节省了能耗。

本章将先介绍能耗管理的重要意义；之后介绍 Huawei LiteOS 的 CPU 占有率输出接口、休眠唤醒机制及 Tickless 机制。

7.1 能耗

在电力设备普及的今天，能耗已经不是一个陌生的概念了。设备运行使能的同时需要消耗大量能源，而高能耗高回报并不是一个理想的设备应该有的特性。如何有效利用能源，在保证功能产出不变的前提下尽可能减少能源消耗，便是能耗管理的工作。在物联网领域，能耗管理有着举足轻重的地位。

物联网设备具有分布密、分布广、工作周期长、人工维护成本高等特点。随着物联网应用的普及，一个小小的家庭可能会拥有十几甚至数十个物联网产品。在如此密集的分布下，缺少良好的能耗管理将会给这个家庭带来额外的巨大能耗开支。这个开支会远超过其实际带来的收益，并影响产品的商用价值。

此外，对于那些使用电池的设备，能耗的大小直接决定了其工作时长，也决定了人工进行检修和电池更换的周期。由于物联网设备会分布在各个地方，因此人工维护的成本是十分昂贵的。高能耗的设备将需要更频繁地进行更换电池，这对应着更高的维护成本，显然是不被接受的。因此，低能耗高续航是物联网设备的首要标准。

减少能耗可以从硬件和软件两个条件出发。在硬件条件上，物联网专用设备大多通过牺牲一定的运算能力来换取低功耗。由于大部分物联网业务不需要强劲的运算能力，因此这笔交易是十分划算的。硬件上的节能方法与细节不是本章要讨论的内容，本章主要关注如何在硬件条件固定的前提下，在软件层面上进行节能。这便是能耗管理。

能耗管理，主要管理的是设备中各个部件的运行时间，包括 MCU、通信芯片、数据采集等。其核心思想就是提高设备的空占比，即让各个部件在该工作的时候拼命工作，该休息的时候充分休息。空占比的提高意味着设备大部分时间不在运行，相应的耗能也会大量降低，从而实现更长的续航时间。

物联网业务的运作周期相对较长，这意味着设备大部分时间处于空闲状态。传统计算机或移动终端即使在空闲状态下也会为了快速响应突发情况而进入伪睡眠状态。此时，CPU 仍然会处理诸如时钟中断等任务，无法进入深度睡眠。伪睡眠状态虽然能耗会比正常工作时低，但相比深度睡眠状态而言，其能耗依然要高得多。由于物联网业务的空占比普遍较高，因此将伪睡眠状态变为深度睡眠状态成为了物联网能耗管理的首要工作。

7.2　CPU 占有率

CPU 占有率是向开发人员反映设备运行状态的关键指标。它反映了 CPU 在一段时间内的负荷状态。一个优秀的业务应该在工作时达到较高的 CPU 占有率，确保硬件资源得到充分的利用，而在空闲时保持 CPU 占有率在最低水平，从而延长续航时间。

物联网操作系统（如 Huawei LiteOS）提供了统计 CPU 占有率的接口。

7.2.1　基本概念

CPU 占有率分为系统 CPU 占有率和任务 CPU 占有率。

系统 CPU 占有率是指周期时间内系统的 CPU 占有率，用于表示系统一段时间内的闲忙程度，也表示 CPU 的负载情况。系统 CPU 占有率的有效表示范围为 0～100，其精度（可通过配置调整）为百分比，100 表示系统满负荷运转。

任务 CPU 占有率指单个任务的 CPU 占有率，用于表示单个任务在一段时间内的闲忙程度。任务 CPU 占有率的有效表示范围为 0～100，其精度（可通过配置调整）为百分比，100 表示在一段时间内系统一直在运行该任务。

用户通过系统级的 CPU 占有率来判断当前系统负载是否超出了设计规格。

用户通过系统中各个任务的 CPU 占有情况来判断当前各个任务的 CPU 占有率是否符合设计的预期。

7.2.2　运作原理

物联网操作系统的系统 CPU 占有率采用任务级记录的方式，在任务切换时，记录任务启动时间、任务切出或退出时间，每次当任务退出时，系统会累加整个任务的占用时间。

Huawei LiteOS 提供了两种 CPU 占有率的信息查询。

（1）系统 CPU 占有率：用于统计系统整体的 CPU 负载状况。

（2）任务 CPU 占有率：用于统计单个任务占用的 CPU 资源。

CPU 占有率的计算方法分别如下。

（1）系统 CPU 占有率=系统中除 Idle 任务以外其他任务的运行总时间/系统运行总时间。

（2）任务 CPU 占有率=任务运行总时间/系统运行总时间。

7.2.3　应用场景

由于统计信息本身需要占用一定的内存和 CPU 资源，因此该功能设计为动态可调的。用户可以在 menuconfig 的 kernel 模块中对该功能进行选配，在调试过程中将其使能，辅助开发人员对业务设计进行判断和调整。在发行版本中可去除该功能，减小系统压力并进一步降低能耗。

系统 CPU 占有率可用于分析系统整体的负载是否超出设计规格，避免长时间满负荷运载导致的设备发热乃至损坏等问题。若该指标始终较低，则意味着设备硬件条件远超过业务实际需求，可考虑降低硬件配置以节省成本。

任务 CPU 占有率用于反映系统中各个任务的占用情况。开发人员可以以此判断各个任务的设计是否符合预期，找出任务漏洞并及时修复。

7.3　休眠唤醒

在业务空闲期间让系统进入深度睡眠状态，即低功耗模式，可以极大地减少能耗。而在业务工作期间，也需要最快速地从低功耗模式恢复到作业状态完成业务。正常业务启动时需要许多初始化工作，如分配内存空间、建立网络连接等。若每次启动时都重新做一次初始化工作，则不仅需要时间，还会消耗很多不必要的能源，完全是得不偿失的。

因此，需要使用一个方法来规避每次从低功耗模式进入作业状态时的初始化工作。以 Huawei LiteOS 为例，其提供了休眠唤醒机制。

7.3.1　休眠唤醒的基本概念

休眠唤醒是 Huawei LiteOS 提供的一套保存系统现场镜像以及从系统现场镜像恢复运行的机制。其核心思想是将稳定运行中的系统状态保存在 Flash 等外存设备中。这样即使整体主核下电，Flash 依然能保留这些状态信息；在启动恢复后，通过读取 Flash 中的信息恢复系统状态，即可省去初始化工作。

用户在系统运行的某一个时刻调用 RunStop 的接口，可以将此时系统的状态（CPU 现场及内存）快照保存到 Flash 的指定地址上。系统重新启动之后，可以读取 Flash 指定地址的实际内容，从而根据快照恢复系统。内存按照保存的状态进行复原，避免重新分配空间以及使曾经内存中的数据丢失。而由于保存了 CPU 现场，系统可以直接从上一条 CPU 指令开始继续执行，直接进行业务处理。

7.3.2 休眠唤醒的运作流程

Huawei LiteOS 的休眠唤醒运作流程如图 7-1 所示。在使用休眠唤醒机制时，开发人员需要事先定位业务流程中的一个存档点，再编译配置 WOW_SRC 变量以确定快照在 Flash 中的实际地址，之后如正常流程一样编译、烧写、加载镜像，开始执行业务。

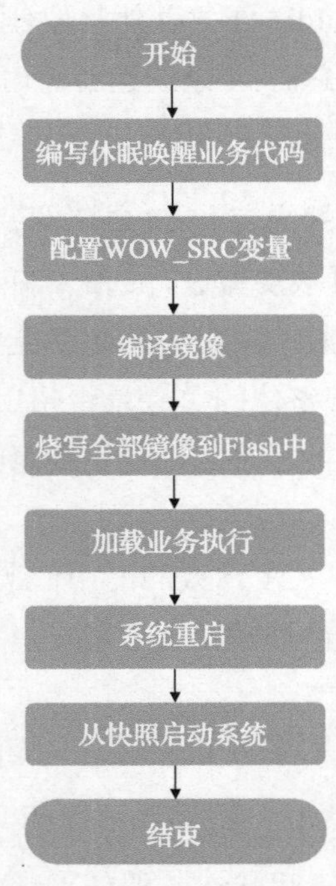

图 7-1 Huawei LiteOS 的休眠唤醒运作流程

在业务执行时，系统将在运行至该存档点处时通过 RunStop 的接口将当前 CPU 现场和内存状态保存至指定 Flash 地址中。一般而言，存档点会在所有初始化工作完成后进入主要业务逻辑周期前的位置。一旦快照被成功写入 Flash，再次重启设备时，设备将会直接根据 Flash 的快照将数据恢复至内存中，并根据 CPU 现场开始执行存档点之后的命令。

7.3.3 休眠唤醒的使用场景

如果用户希望系统在运行一段时间后，将此时系统的状态快照保存到介质上，在某个时刻从该快照重新运行系统，且重新运行的瞬间系统状态与快照的状态一致，则可以选择使用休眠唤醒来实现。

在 Huawei LiteOS 互联网摄像头项目中，休眠唤醒特性被用来实现 Wi-Fi 芯片的休眠唤醒：在系统的 Wi-Fi 业务初始化完成并运行稳定后，调用休眠唤醒接口将此时的系统状态快照保存起来。这份快照包含了 Wi-Fi 模块所需要的所有 CPU 线程及内存状态。当系统进入空闲状态时，主核下电进入低功耗模式。当有 Wi-Fi 报文到来时，MCU 发送特定数据包唤醒主核上电，系统从快照处恢复执行，使得系统重新上电后 Wi-Fi 模块不需要重新初始化。其可以实现主核在低功耗模式下 Wi-Fi 状态保活不断连以及 Wi-Fi 状态的快速唤醒。

7.4 Tickless

时钟中断是实时操作系统保证实时性的核心。通过定期处理时钟中断，系统可以获知时间并按时完成周期性业务。系统在空闲状态下可以进入低功耗状态，中断会使系统退出低功耗状态。而在系统空闲时唯一的中断源就是时钟中断，但此时系统没有任务需要处理，所以这些中断处理除了把系统唤醒增加功耗以外没有任何意义，这就好似人睡觉的时候每一分钟睁开一次眼睛一样。

为了避免 CPU 反复处理没有意义的中断打扰其睡眠，Huawei LiteOS 提供了 Tickless 机制来代替传统的时钟中断，使 CPU 能“睡个好觉”。

1. Tickless 基本概念

Tickless 中的 less 并不是没有的意思，而是很少的意思，其实在 Tickless 特性开启后，Tick 只有在“需要”的时候才会使能，所以将其称为“动态 Tick”更为准确。系统在空闲时关闭 Tick，在有任务时开启 Tick。Tickless 本身节能效果有限，所以一般而言，Tickless 会配合硬件平台的低功耗特性一起工作，其提供了一个进入低功耗模式的时机。系统在检测到空闲需要进入睡眠时小心地使硬件进入低功耗模式，当系统有任务需要处理时（必定由某个中断导致），系统退出低功耗模式，并在进行一些必要的处理后（后面会讨论到），转而处理这些任务。

2. MCU 对低功耗的支持

低功耗离不开硬件平台的支持，有些 MCU 提供了必要的支持。现在使用较多的是 ARM 公司的 Cortex-M 系列处理器，所以这里介绍 Cortex-M 对低功耗的支持。具体而言，Cortex-M 对低功耗的支持体现在以下两个方面。

（1）SCR 设置。

ARM Cortex-M 系列的 SCR 设置基本上和低功耗有关系。其中比较重要的是 bit[0]和 bit[1]。

① bit[0] SLEEPONEXIT 位的作用是在中断返回时自动进入睡眠模式，这个位一般用在无操作系统且业务逻辑非常简单的环境中。整个软件环境设计为中断驱动，所有处理都在中断中完成。业务代码在初始化环境后进入类似下面的死循环：

```
while(1) __wfi()
```

这种设计理念与 TI 的 MSP430 很相近，在简单的逻辑下可以实现极低的功耗，但不适用于操作系统或业务较为复杂，有类似业务代码执行在非中断上下文的项目中。

② bit[1] SLEEPDEEP 位的作用是当 MCU 进入睡眠模式时进入深度睡眠模式，以节约更多功耗。深度睡眠模式是低功耗非常重要的特性，其对于任何低功耗模式都很有意义，包括前面描述的无 OS 或业务简单场景。

（2）中断响应机制。

在 Cortex-M 中，在关闭中断的情况下进入 wfi 后，MCU 依然可以被外部中断唤醒。这个机制相当重要，原因是中断唤醒 MCU 后，MCU 因为中断被关闭并不会处理中断处理函数，而是到达睡眠指令的下一条指令处（一般是 Wi-Fi 指令后面）。由于在进入睡眠前系统可能会关闭很多外设及时钟，因此这里可以使能这些设备，打开中断以立刻进入中断处理函数响应中断。对于那些实现了中断接管的系统（LiteOS 支持此功能且默认打开），这个机制不是那么必要，因为在中断统一处理入口处可以处理这些事情。

3. Tick 补偿

如前文所述，Tickless 会在系统空闲时关闭 Tick 而进入低功耗模式，那么在系统醒来时，系统的 Tick 计数可能会不准，因为丢失了睡眠过程中本应发生的 Tick。而 Tick 又是系统中一个非常重要的参数，系统中很多功能非常依赖 Tick。此外，由于唤醒时间不确定，Tick 基本上不在唤醒时间点上，因此 Tick 会发生偏移。Tickless 实现的时候需要充分考虑这些情况，处理以下问题。

（1）Tick 补偿：当系统醒来的时候，根据真实睡眠的时间长短补齐丢失（未统计到的）Tick。

（2）Tick 重新对齐：当系统被唤醒，不在 Tick 节拍点上的时候，第一次 Tick 的时间根据当前时间重新计算。在图 7-2 中，t1 就是新的下一个 Tick 的时间，需要在唤醒系统时设置 Tick 时钟，并在之后恢复原有的 Tick 时间间隔。

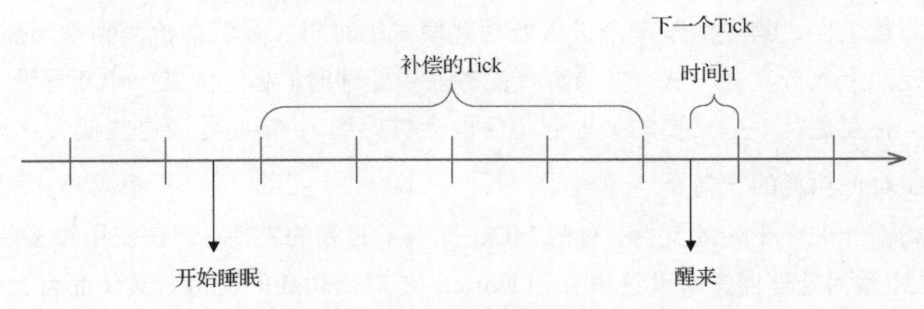

图 7-2 Tick 重新对齐

4. 唤醒时钟

Huawei LiteOS 使用 SysTick 作为系统时钟，这个时钟存在如下几个问题。

（1）有些 MCU 在进入低功耗模式后，SysTick 不会继续工作。

（2）SysTick 反转时间太短，如果作为系统唤醒时钟，则系统必然频繁唤醒。

（3）SysTick 本身功耗略高。

基于以下需求，系统需要一个唤醒时钟。

（1）系统可能有事件需要在某个时间处理，例如，有任务延迟 10000Tick，如果一直在睡眠，则需要在需要处理事件的时间点醒来执行这个任务。

（2）Tick 补偿需要有时间参考，当系统从睡眠中醒来时，需要知道实际的睡眠时长，此时就需要有时钟作为参考。

综上考虑，LiteOS 在使能 Tickless 时，需要引入一个外部的时钟。一般而言，实时时钟(Real Time Clock，RTC) 是比较理想的选择。

5. Tickless 使能

目前，Huawei LiteOS 的 Tickless 机制的实现是基于 SysTick 的参考实现，可在配置文件中打开对应的宏使能 Tickless。

7.5 小结

能耗管理在物联网领域中起着至关重要的作用。低能耗的物联网应用不仅可以节省能源，还能降低人力维护成本，在市场中也更具有竞争力。在硬件条件固定的情况下，Huawei LiteOS 作为优秀的物联网操作系统，提供了大量的能耗管理功能，帮助开发人员从应用层面降低能耗，延长续航时间。

Huawei LiteOS 提供了接口，使用户可以获取系统和单个任务的 CPU 占有率，从而辅助判断业务设计是否符合预期，并及时找出潜在问题任务并进行修正，为开发人员的调测工作提供了便利。

休眠唤醒机制可以利用 Flash 保存系统稳态运行时的状态快照，包括 CPU 现场和内存状态。利用 Flash 断电不丢失数据的特性，系统下电进入深度休眠的低功耗模式时能保留快照数据。在系统重启时，可以根据 Flash 中的快照数据快速恢复系统至稳定运行状态，省去了初始化工作。

为了避免在 Idle 任务期间系统发生无意义的时钟中断，Huawei LiteOS 提供了 Tickless 机制，通过预先计算得到下一次有意义的时钟中断发生时间，从而消除中间所有无意义的时钟中断，免去了 CPU 处理无意义中断的开销，降低了能耗。

第 8 章 LiteOS扩展组件

学习目标

① 了解互通组件的定义和作用
② 了解在线升级组件的定义和作用
③ 了解 Huawei MapleJS 的引擎和相关套件

在一个物联网应用设备下至底层硬件、上至应用服务的层层架构中，操作系统内核属于较为底层的部分。要想更高效地进行应用服务的开发，基础的内核是远远不够的，需要更多组件和框架来支撑上层应用。

Huawei LiteOS 提供了丰富的扩展组件。Huawei LiteOS 的扩展组件又称 LiteOS SDK，是一套完整的软件开发工具包，包括端云互通组件、OTA 升级、JS 引擎等内容，实现了包括通信、传输、JS 框架等功能在内的底层代码，为开发者提供了方便易用的上层 API，极大地减少了开发工作量，有助于快速有效地建立物联网应用。

本章将依次介绍 Huawei LiteOS 扩展组件中的端云互通组件、OTA 升级组件以及 Huawei MapleJS 引擎。

8.1 端云互通组件

与网络保持连接是物联网操作系统的基本特性。Huawei LiteOS 的端云互通组件又称 Agent Tiny，用于快速建立终端与云端之间的通信和数据交互。开发者可以通过该组件将物联网终端设备接入到华为 OceanConnect 物联网云平台，进行物联网应用开发和调测。

端云互通组件支持两种通信协议，分别为轻量级 M2M（Lightweight M2M，LwM2M）协议和消息队列遥测传输（Message Queuing Telemetry Transport，MQTT）协议，这两种通信协议是物联网操作系统中常用的通信协议。

8.1.1 LwM2M 协议

LwM2M 由开放移动联盟（Open Mobile Alliance，OMA）提出，是一种轻量级的、标准通用的物联网设备管理协议，可用于快速部署客户端/服务器模式的物联网业务。LwM2M 为物联网设备的管理和应用建立了一套标准，提供了轻便小巧的安全通信接口及高效的数据模型，以实现 M2M 设备管理和服务支持。

LwM2M 协议的主要特性如下。

（1）它是基于资源模型的简单对象。

（2）支持对资源的操作，如创建/检索/更新/删除/属性配置。

（3）支持资源的观察/通知。

（4）支持的数据格式为 TLV/JSON/Plain Text/Opaque。

（5）传输层协议为 UDP/SMS。

（6）安全协议为 DTLS。

（7）使用 Queue 模式应对 NAT/防火墙。

（8）支持多 LwM2M Server。

（9）具有基本的 M2M 功能，如 LwM2M Server、访问控制、网络连接监测、固件更新、位置和定位服务、统计。

1. 对象定义

对象是逻辑上服务于特定目的的一组资源的集合。例如，固件更新对象包含了服务于固件更新目的的所有资源，如固件包、固件 URL、更新执行、更新结果等。使用对象的功能之前，必须对该对象进行实例化，对象可以有多个对象实例，对象实例的编号从 0 开始递增。

OMA 定义了一些标准对象，LwM2M 协议为这些对象及其资源定义了固定的 ID。例如，固件更新对象的对象 ID 为 5，该对象内部有 8 个资源，资源 ID 分别为 0～7，其中“固件包名称”资源的 ID 为 6。因此，URI 5/0/6 表示固件更新对象第 0 个实例的固件包名称资源。OMA 的 LwM2M 规范中定义了 7 个标准对象，如表 8-1 所示。

表 8-1　LwM2M 规范中定义的 7 个标准对象

对象	对象 ID	相关描述
LwM2M Security	0	LwM2M Server 的 URI、payload 的安全模式、一些算法/密钥、Server 的短 ID 等信息
LwM2M Server	1	Server 的短 ID、注册的生命周期、observe 的最小/最大周期、绑定模型等
Access Control	2	每个对象的访问控制权限
Device	3	设备的制造商、型号、序列号、电量、内存等信息
Connectivity Monitoring	4	网络制式、链路质量、IP 地址等信息
Firmware	5	固件包、包的 URI、状态、更新结果等
Location	6	经纬度、海拔、时间戳等
Connectivity Statistics	7	收集期间的收发数据量、包大小等信息

LiteOS SDK 端云互通组件配合 Huawei OceanConnect 物联网开发平台，可支持 19 个 LwM2M AppData 对象，提供 LwM2M 服务器相关的应用业务数据，如水表数据。

2. 资源定义

LwM2M 定义了一个资源模型，所有信息都可以抽象为资源以提供访问。资源是对象的内在组成，隶属于对象，LwM2M 客户端可以拥有任意数量的资源。和对象一样，资源也可以有多个实例。LwM2M 客户端、对象及资源的关系如图 8-1 所示。

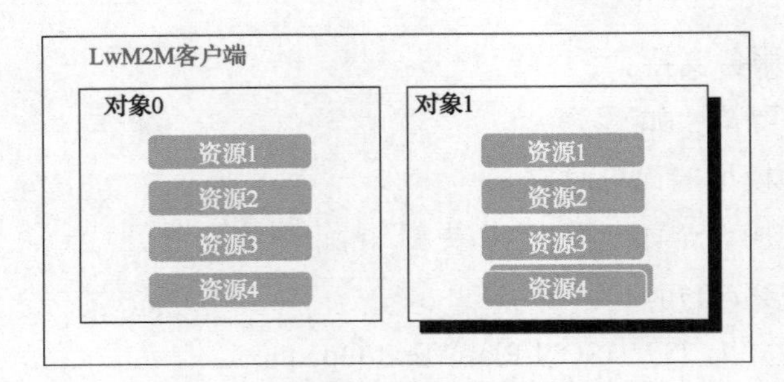

图 8-1　LwM2M 客户端、对象及资源的关系

3．接口定义

LwM2M 引擎主要有两个组件：LwM2M 服务器和 LwM2M 客户端。LwM2M 标准为两个组件之间的交互设计了 4 种主要的接口，分别如下。

（1）设备发现和注册接口。

（2）引导程序接口。

（3）设备管理和服务实现接口。

（4）信息上报接口。

其中，设备发现和注册接口与信息上报接口的方向为客户端至服务器，引导程序接口与设备管理和服务实现接口的方向为服务器至客户端。

LwM2M 的消息交互流程如图 8-2 所示。

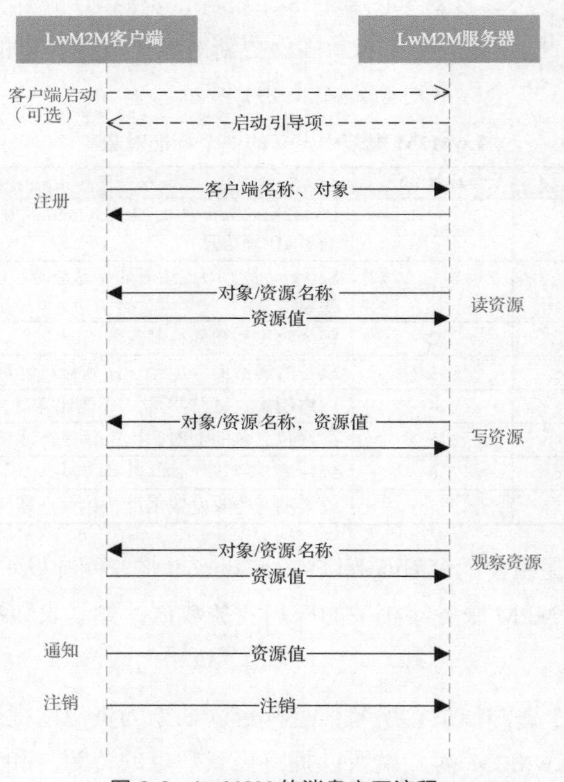

图 8-2　LwM2M 的消息交互流程

4. 固件升级

LwM2M 的固件升级对象使固件升级的管理成为可能。固件升级对象包括安装固件包、更新固件，以及更新固件之后执行的其他动作。固件成功升级后，设备必须重启，以使新的固件生效。在设备重启之后，如果“Packet”资源包含了一个合法但还未被安装的固件包，则“State”资源必须为<Downloaded>状态，否则必须为<Idle>状态。在设备重启之前，标识更新结果的相关数值必须被保存起来。

LwM2M 固件升级的流程如图 8-3 所示。

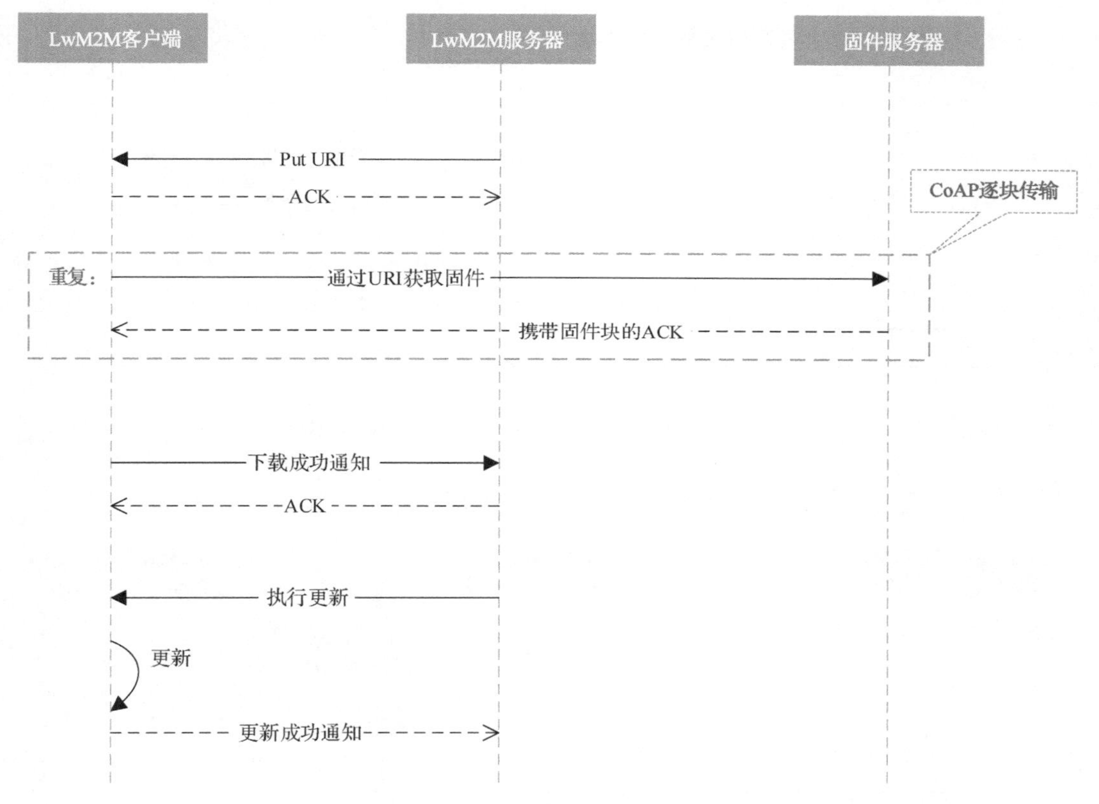

图 8-3　LwM2M 固件升级的流程

8.1.2　MQTT 协议

MQTT 协议是一种基于发布和订阅的简单的、轻量级的通信协议，它应用于资源受限的设备及低带宽、高延时、不可靠的网络。MQTT 3.1.1 已成为结构化信息标准促进组织（Organization for the Advancement of Structured Information Standards，OASIS）的标准。当前 LiteOS MQTT 协议的实现承载在传输层安全（Transport Layer Security，TLS）协议之上。

设备使用 MQTT 协议很容易和华为 IoT 平台对接，平台目前支持以下两种对接模式。

（1）一机一密模式，即一个设备在平台申请一个密码，其流程如图 8-4 所示。

（2）一型一密模式，即一种产品在平台申请一个密码，产品设备的唯一标识 nodeID 由设备厂家分配，设备的密码由设备和平台动态协商，其流程如图 8-5 所示。

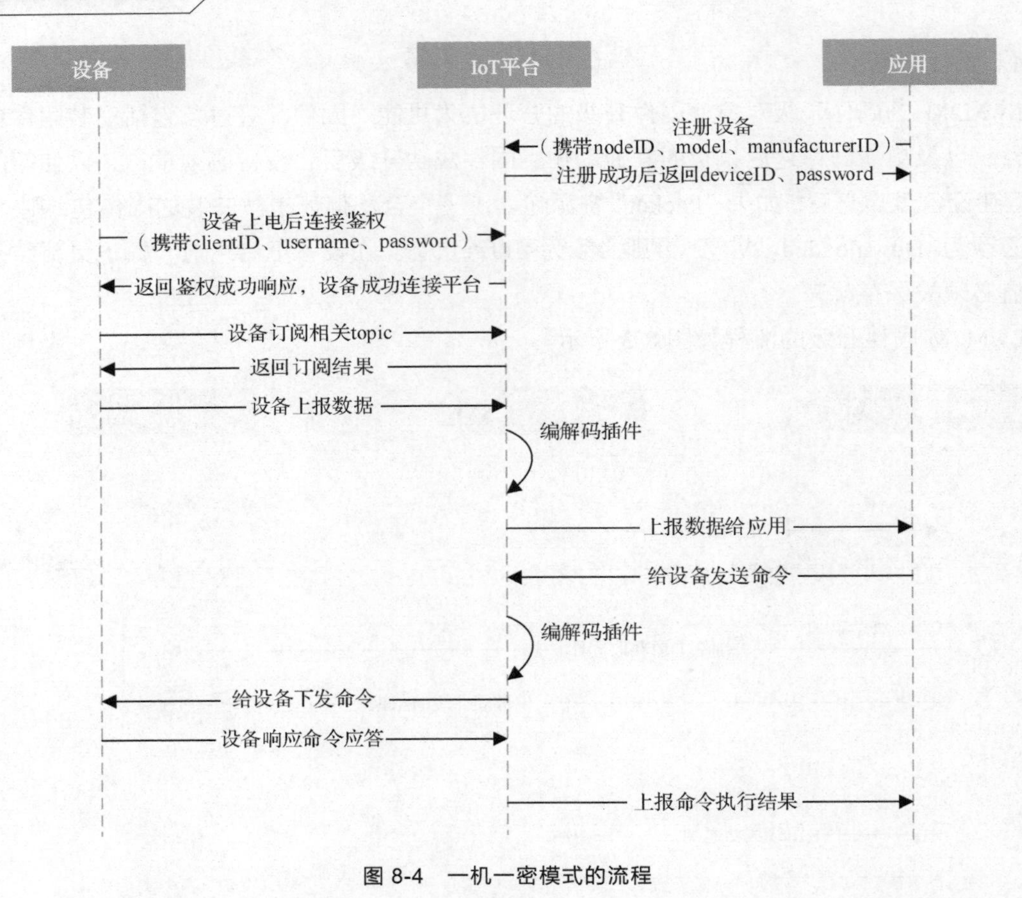

图 8-4　一机一密模式的流程

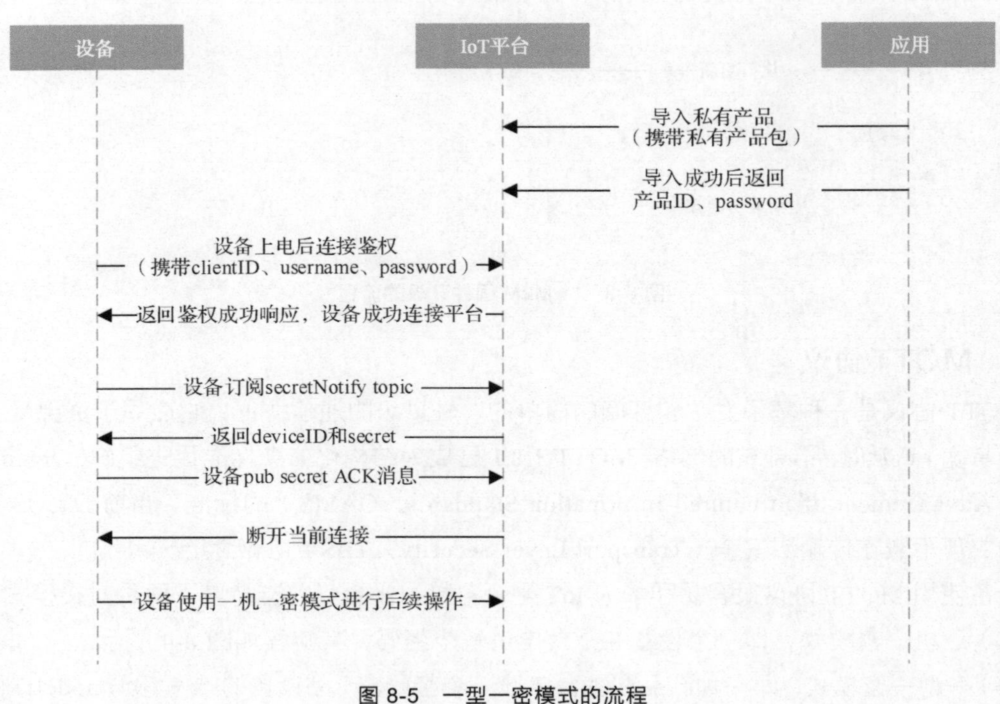

图 8-5　一型一密模式的流程

使用 LiteOS 端云互通 MQTT 组件很容易和 IoT 平台实现连接。该组件支持以下功能。

（1）支持一机一密（即静态连接）及一型一密（即动态连接）模式。

（2）支持将数据上报到 IoT 平台。

（3）支持接收并执行 IoT 平台命令。

8.1.3　端云系统方案

图 8-6 展示了 Huawei LiteOS SDK 端云互通组件的主要架构，其软件主要由以下 3 个层次构成。

（1）开放 API 层：LiteOS SDK 端云互通组件的开放 API 为应用程序定义了通用接口，终端设备调用开放 API 能快速完成华为 OceanConnect 物联网平台的接入、业务数据上报、下发命令处理等。对于外置 MCU+模组的场景，LiteOS SDK 端云互通组件还提供了 AT 命令适配层，用于对 AT 命令进行解析。

（2）协议层：LiteOS SDK 端云互通组件集成了 LwM2M/CoAP/DTLS/UDP/IP 等协议。

（3）驱动及网络适配层：LiteOS SDK 端云互通组件为了方便终端设备进行集成和移植，提供了驱动及网络适配层，用户可以基于 SDK 提供的适配层接口列表，根据具体的硬件平台适配硬件随机数、内存管理、日志、数据存储及网络 Socket 等接口。

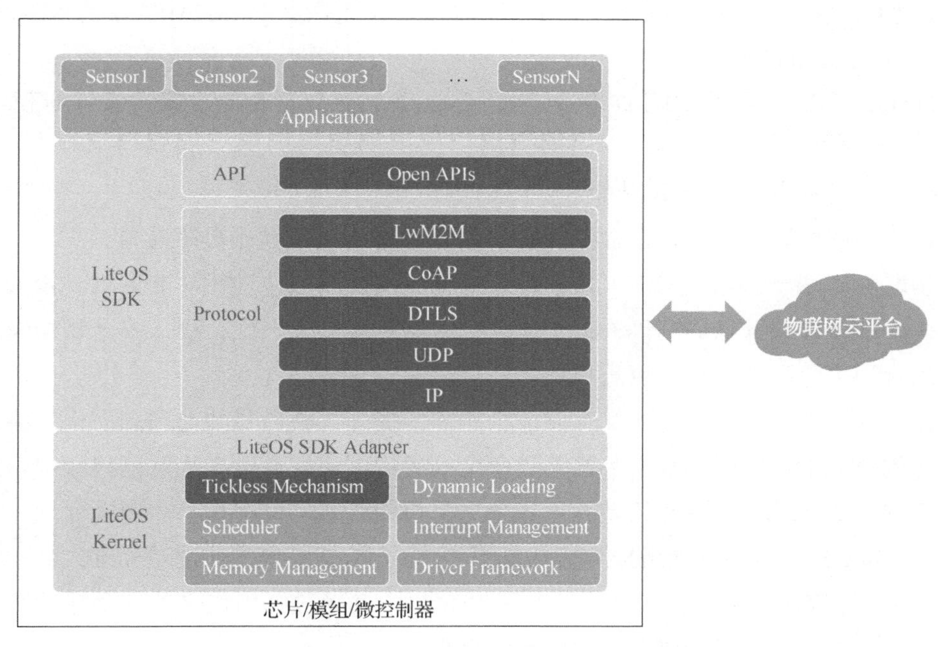

图 8-6　Huawei LiteOS SDK 端云互通组件的主要架构

LiteOS SDK 端云互通组件具有可集成性和可移植性。

LiteOS SDK 端云互通组件作为独立的组件，不依赖特定的芯片架构和网络硬件类型，就可以轻松地集成到各种通信模组上，如 NB-IoT 模组、eMTC 模组、Wi-Fi 模组、GSM 模组、以太网硬件等。

LiteOS SDK 端云互通组件的 Adapter 层提供了常用的硬件及网络适配接口，终端或模组厂家根据自己的硬件实现这些接口后，即可完成 LiteOS SDK 端云互通组件的移植。

LiteOS SDK 端云互通组件的集成需要满足以下硬件规格。

（1）要求模组/芯片有物理网络硬件支持，能支持 UDP 协议栈。

（2）要求模组/芯片有足够的 Flash 和 RAM 资源供 LiteOS SDK 端云互通组件协议栈进行集成。建议 RAM>32KB，Flash>128KB。

8.2 OTA 升级组件

随着海量物联网终端的部署，通过远程方式对终端软件进行升级变得日益重要，远程方式能大大降低以往通过人工近端进行升级所投入的成本。

空中下载技术（Over the Air Technology，OTA）：指通过移动通信（GSM、NB-IoT 等）的空中接口对通信模组及应用进行远程管理的技术，OTA 包括软件在线（Software Over The Air，SOTA）升级和固件在线（Firmware Over The Air，FOTA）升级。

（1）SOTA 升级：通过华为自研的 PCP 升级协议，加上内置 LwM2M 协议的 NB-IoT 模组，实现对第三方 MCU 的升级。

（2）FOTA 升级：通过 NB-IoT 模组内置 LwM2M 协议的 5 号对象，实现对模组本身的升级。

通常在如下场景中考虑 OTA 升级。

（1）物联网终端现有版本存在软件问题，需要通过升级来弥补软件漏洞。

（2）物联网终端产品功能增加，需要持续对物联网终端软件进行功能升级。例如，引入新的算法模块，以使终端计量更精确；为了提升物联网终端的安全性，引入安全功能模块；为了提升终端的远程可维护性，引入日志模块。

随着物联网终端硬件运算能力和存储能力的不断提升，硬件日益趋向同质化。终端软件的差异化将是构建未来物联网终端产品核心竞争力的关键因素。通过在物联网终端中引入 OTA，持续使用远程方式构建终端软件的差异化竞争力，可使终端厂商在竞争中脱颖而出。

Huawei LiteOS 的 OTA 升级配合华为 OceanConnect IoT 平台，通过差分方式减小升级包的体积，更能适应低带宽网络环境和电池供电环境；同时，其经过特别优化差分合并算法，对 RAM 资源要求更少，可满足海量低资源终端的升级诉求。

Huawei LiteOS 还通过断点续传兼容网络不稳定场景、断电保护避免升级工程因电池耗尽而终止、安全校验确保升级包来源等机制，确保 OTA 升级成功。

8.2.1 OTA 升级的价值

图 8-7 所示为 Huawei LiteOS OTA 的升级架构，OTA 升级的特点如下。

（1）支持全量升级和差分升级两种方式，供用户选择。

（2）华为提供了差分工具，对新旧两个版本的差异进行比较并生成差分包，独特的算法使得生成的差分包体积更小，更适用于小带宽网络和电池供电设备（如使用 NB-IoT 网络的电池供电终端设备），缩短了下载时间并降低了电池能耗。

（3）升级服务器同 IoT 平台同机部署，用户可以对终端进行分组升级管理。

（4）支持断点续传，自动适应网络环境不佳的场景，确保差分包下载成功并降低网络占用率。

（5）经过优化的差分合并算法减小 RAM 的空间占用。

（6）对差分包进行校验，确保差分包安全下载到本地，而未在中间被篡改。

（7）升级过程引入掉电保护机制，确保升级成功。

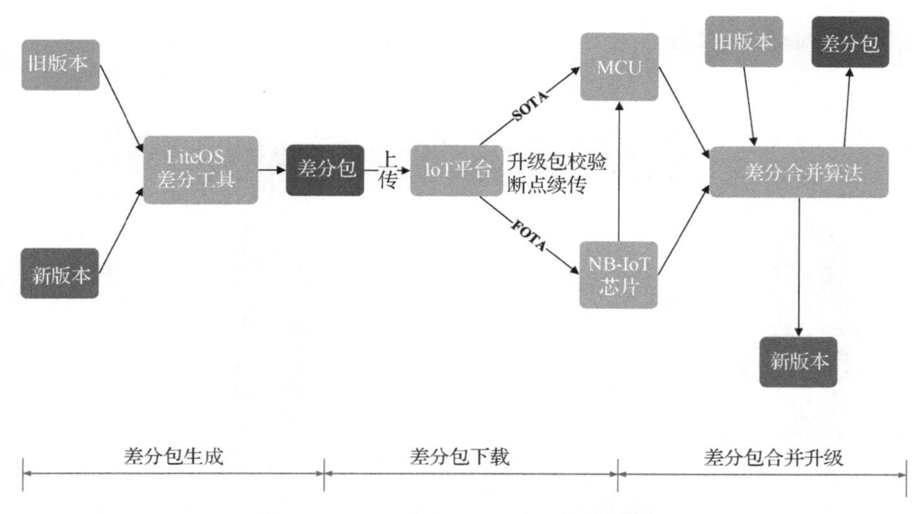

图 8-7 Huawei LiteOS OTA 的升级架构

8.2.2 OTA 升级流程

为了使用 Huawei LiteOS OTA 的功能，MCU 的 Flash 需要满足的相应分区要求如表 8-2 所示。

表 8-2 MCU 的 Flash 需要满足的相应分区要求

分区名称	分区大小	分区功能
BootLoader	/	存储 BootLoader 固件。此固件由终端厂商提供，并嵌入 Huawei LiteOS OTA 库，完成升级功能
Application	/	存储 Application 固件。此固件由终端厂商提供，并嵌入 Huawei LiteOS OTA 库，完成升级功能
OTADiff	建议为 Application 分区大小的 30%	存储下载的差分升级包。该差分升级包由终端伙伴使用 Huawei LiteOS 工具制作生成
OTAInfo	一个 Flash 擦除分块大小	用于存储 Huawei LiteOS OTA 升级信息

移植 Huawei LiteOS OTA 组件，构建第三方 MCU 升级能力，主要包括以下 4 个步骤。

（1）嵌入 PCP 模块：差分包下载功能通过 PCP 模块实现。

（2）嵌入差分恢复 Diff 模块：差分合并功能通过 Diff 模块实现。

（3）制作升级包：使用官方提供的工具制作版本升级包或差分包。

（4）启动升级任务：通过 IoT 平台启动升级任务。

1. 嵌入 PCP 模块

PCP 模块的相关代码可在 Huawei LiteOS 开源社区下载，其主要接口如图 8-8 所示。其中，黑色虚线表示需要外部注册的钩子函数，供 PCP 模块调用；黑色实线表示由 PCP 模块提供的函数，供外部调用。

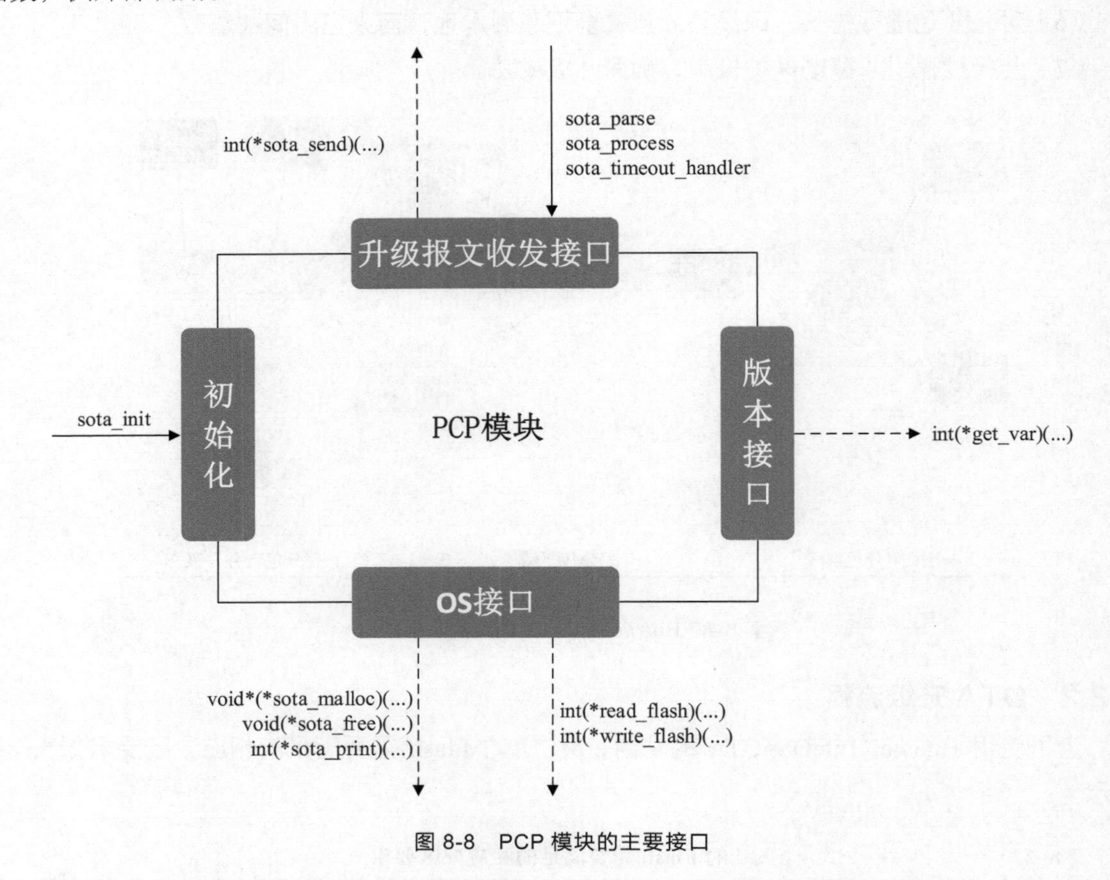

图 8-8　PCP 模块的主要接口

使用 PCP 模块时，需将其加入编译工程。在用户使用 PCP 模块的任何功能之前，需要调用初始化接口，完成 PCP 模块的初始化。

MCU 软件的版本号由 PCP 模块外部保存。PCP 模块将通过 get_var 函数获取 MCU 软件的版本号。版本号是一个最大为 16 字节的数组，其格式由 PCP 模块的使用者自行定义。

OS 接口包括内存管理接口和 Flash 读写接口。PCP 模块通过 sota_malloc 和 sota_free 函数来完成内存的申请和释放。PCP 模块将通过 read_flash 和 write_flash 两个钩子函数来读写 MCU 的 Flash，用于镜像包的下载。

PCP 模块通过 PCP 协议同 IoT 平台交互下载升级包。PCP 协议报文通过接口 sota_send 和 sota_parse/sota_process 进行收发。用户收到平台下发的报文时，先调用 sota_parse 函数对报文进行升级报文解析，如 sota_parse 返回 0，则表示升级报文，进一步调用 sota_process 函数进行处理，否则交给用户处理。PCP 模块已经通过 sota_send 函数发送的 PCP 协议报文自动添加了升级报文标志 0xFF、0xFE。

2. 嵌入差分恢复 Diff 模块

差分合并模块以扩展名为.a 的文件方式提供，用于升级包下载后的升级操作。Diff 模块和外部接口如图 8-9 所示。其中，黑色虚线表示需要外部注册的钩子函数，供 Diff 模块调用；黑色实线表示由 Diff 模块提供的函数，供外部调用。

使用 Diff 模块时，需将其加入编译工程。无论是否采用差分方式，均需要在BootLoader 中调用 Diff 模块的功能，并且需要 MCU 复位后再调用 Diff 模块功能。

用户在使用 Diff 模块的任何功能之前，必须先调用初始化接口，完成 Diff 模块的初始化。

OS 接口包括内存管理接口和 Flash 读写接口。Diff 模块通过 func_malloc 和 func_free 函数来完成内存的申请和释放，通过 read_flash 和 write_flash 两个钩子函数来读写 MCU 的 Flash。

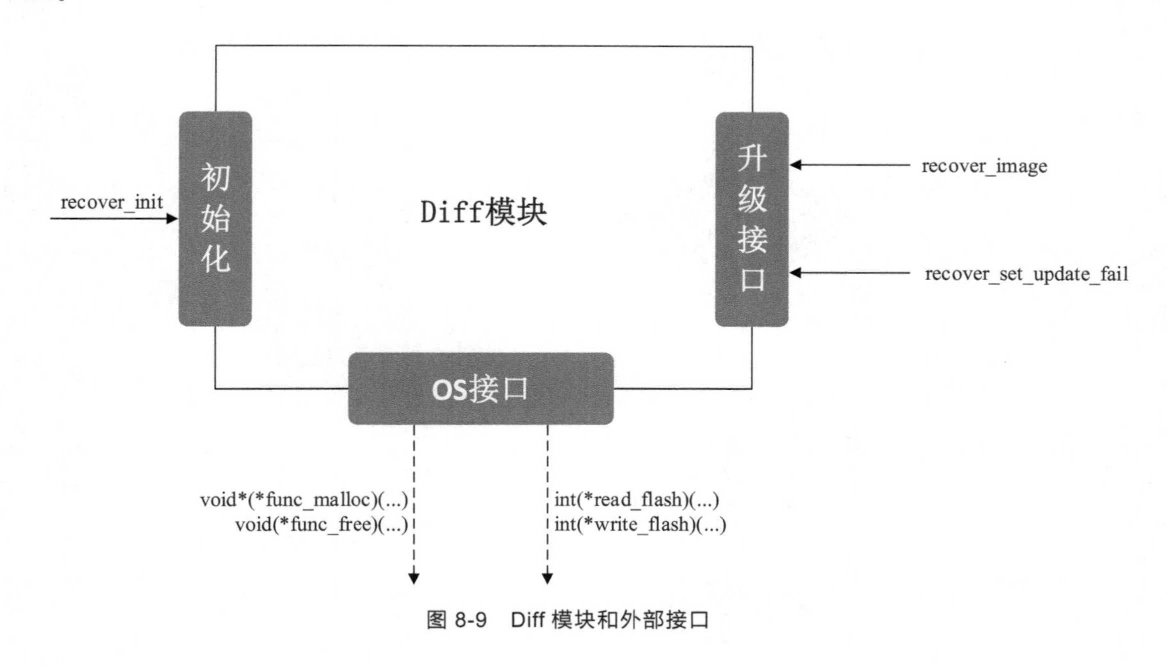

图 8-9　Diff 模块和外部接口

用户在 BootLoader 中需要调用 recover_image 函数。如果检测到需要升级，则该函数将自动完成差分合并任务，升级分为以下 3 种场景。

（1）正常启动，无需升级：recover_upgrade_type 返回 RECOVER_UPGRADE_NONE。

（2）需要升级，差分模式：recover_upgrade_type 返回 RECOVER_UPGRADE_DIFF，newbin_size 和 oldbin_size 返回新旧版本的大小，供用户软件做进一步操作的参考。

（3）需要升级，全量模式：recover_upgrade_type 返回 RECOVER_UPGRADE_FULL，newbin_size 和 oldbin_size 返回新旧版本的大小，供用户软件做进一步操作的参考。

recover_image 函数返回后，用户软件可以根据需要对升级结果进行校验等操作。用户软件可以调用 recover_set_update_fail 函数主动通知 Diff 模块本次升级失败，Diff 模块之后将通知 IoT 平台升级失败的结果。

3. 制作升级包

OTA 升级时需要制作签名升级包。升级包主要分为以下 3 种。

（1）差分包：通过华为提供的差分包制作工具（diff_upgrade_lzma.exe 或 diff_upgrade_lz4.exe）输入新旧镜像得到，提供给下一步使用。

（2）未签名升级包：通过华为提供的打包脚本（package_software.py）输入需要打包的镜像（全量包/差分包）得到，提供给下一步使用。

（3）签名升级包：通过华为提供的签名工具（signtool.exe）对打包后的镜像签名得到，用于上传到华为 IoT 云平台。

上面提及的大部分升级包制作工具存放在 LiteOS 工程的 components\ota 目录中，也可在 Huawei LiteOS 开源社区中获取。其中，未签名升级包的制作脚本为 Python 程序，需要额外准备 Python 2.7 以上的版本环境。图 8-10 展示了制作升级包的完整流程。

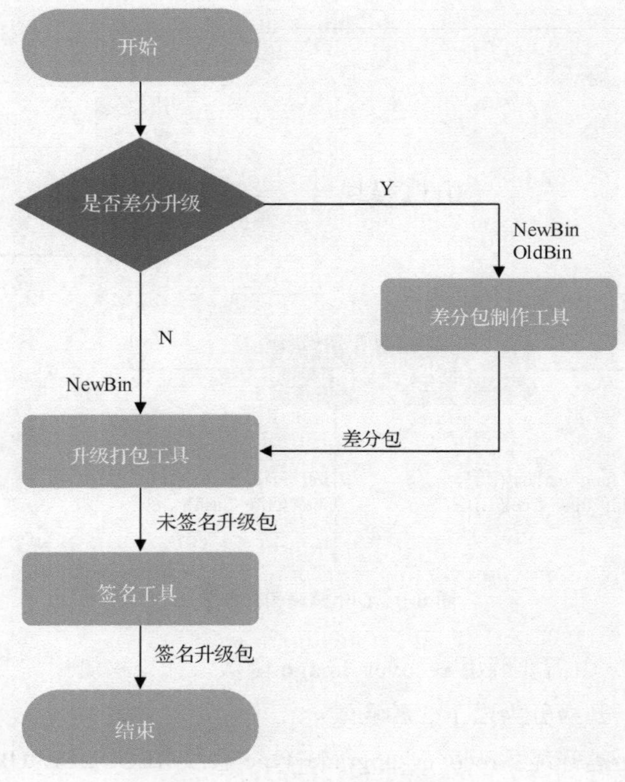

图 8-10 制作升级包的完整流程

4. 启动升级任务

通过物联网平台，用户可以对已经连入平台的设备启动升级任务，进行 OTA 升级。升级前需上传公钥和升级包，并附上不同版本号以供区分。

升级任务启动后，可在平台及终端设备串口中查看升级实时状况。升级成功后，平台会得到实时反馈，而终端设备在完成版本更新后也会自动运行新版本业务。

具体流程可在后续实验中进行实践。

8.3　Huawei MapleJS

MapleJS 是华为推出的面向物联网设备端应用开发的轻量化 JavaScript 引擎以及其配套的开发工具集。MapleJS 可以运行在 LiteOS 物联网实时操作系统之上并支持 HiLink 物联网协议，使得开发者能够在资源受限的嵌入式设备上使用 JavaScript 进行开发，并通过提供统一的设备能力抽象接口向开发者屏蔽硬件差异，使其更加聚焦于业务实现，从而提升物联网设备应用的开发效率。

8.3.1　MapleJS 特点

MapleJS 拥有以下 3 个特点。

（1）轻量化：Flash 占用空间小于 100KB，空载时 RAM 占用空间小于 32KB。

（2）支持语言标准：支持 ECMAScript 5.1 标准。

（3）高可靠性：与业务代码解耦，增设了底层安全策略，提高了可靠性。

为了方便广大开发者进行开发活动并进一步形成良好的生态，MapleJS 提供了一整套完善的开发环境及开发资源。主要划分为以下 4 个部分。

（1）MapleJS 引擎：对 JS 代码进行高效的解释执行。

（2）开发工具套件：提供了一套完整的从编码、编译到部署的端到端集成开发环境，并在开发周期中持续性地提供辅助优化。

（3）面向设备型开发框架：支持事件驱动的编程模型，并提供统一的硬件抽象接口、系统抽象接口等，让开发者能够方便快速地调用，编程自由度得以进一步提升。

（4）行业硬件使能仓库：提供面向行业硬件的使能库，便于第三方开发者快速开发行业应用。

8.3.2　MapleJS 支持的语法规格

整体上，为了实现引擎轻量化，结合物联网设备侧的使用场景，MapleJS 基于通用语法规格进行了部分语法裁剪。

JavaScript 是一种动态类型、弱类型、基于原型的脚本语言，变量使用之前不需要类型声明，通常变量的类型是被赋值的那个值的类型。计算时，可以在不同类型之间对使用者进行透明的隐式转换，即使类型不正确，也能通过隐式转换得到正确的类型。新对象继承对象（作为模板），对象将自身的属性共享给新对象，模板对象称为原型。这样，新对象实例化后不但可以享有自己创建和运行时定义的属性，还可以享有原型对象的属性。

JavaScript 的核心是 ECMAScript，而 ECMAScript 是一个由 ECMA International 进行标准化、

TC39委员会进行监督的语言。它规定了语言的组成部分：语法、类型、语句、关键字、保留字、操作符、对象。其支持的语法规范为ECMAScript 5(ES5)，它是ECMAScript的第5版修订，于2009年完成标准化，这个规范在Web领域中已经被所有现代浏览器相当完全地实现了。

基于目前物联网设备的特点，MapleJS基于ES5.1进行了一些语法的裁剪，具体可参考MapleJS相关文档，如果使用被裁剪了的语法，则会得到未定义错误。

8.3.3 模块系统

在MapleJS开发的整体解决方案中，模块系统分为两类——基础I/O模块和行业共享模块。

1. 基础I/O模块

典型的IoT设备微处理器/控制器都直接具有一定的I/O能力，例如，能够访问GPIO管脚，能够把管脚配置成串口UART使用，或者能配置成I2C及PWM使用。同时，MCU还能操作OS自带的资源，例如，timer计时、RTC获得时钟信息、通过文件接口读取MCU中的Flash内容，以及最常见的软件操作，如常见的MD5/SHA2/AES解密等。针对这些操作，MapleJS都提供了对应的模块系统，让用户可以轻松地使用。表8-3所示为MapleJS模块的简表，详细信息请参考MapleJS用户手册。

表8-3 MapleJS模块的简表

模块名称	说明	关键接口
buffer	Node.js buffer类似于内存数据结构	readUInt8()，writeUInt8()，toString()，copy()，fill()
crypto	常用于加/解密	encrypt()，decrypt()，hash()，hmacHash()
fs	文件系统访问	openSync()，closeSync()，readSync()，writeSync()，unlinkSync()
hilink	通过HiLink读取设备信息以及与云进行交互	on()及其他若干接口
i2c	使用I2C协议读写数据	read()，write()，close()，
uart	通过串口读取数据，支持on()回调	open()，read()，write()，on()
rtc	获得系统时间	getTime()，getYear()，getMonth()，strToTime()，timeToStr()等
spi	设置SPI接口	open()，set_period()，set_duty()

2. 行业共享模块

智能设备编程面对的是大量的行业外围设备，需要编程的可能是一个小的电动机、一个显示屏、一个智能灯带等。提供对这些外设的操作对于快速构建系统很重要。

MapleJS与合作伙伴一起积累了部分行业库，作为资源开放给用户使用，如DHT11传感器、APA102灯带、OLED1306小显示屏、MPU6050 Motion Sensor、nRF2401 Radio Receiver等。希望能够通过这样的方式来构建生态，以使更多的智能厂商开发者更快地开发系统，而不用关心底层实现细节。此后，再进行扩大和积累，逐步构建更大的行业共享库。

8.3.4 周边支持

MapleJS作为华为推出的新一代物联网编程框架，可以实现嵌入式开发从“功能机”向“智能机”的转变。同时，MapleJS实现了在LiteOS操作系统中的稳定高效运行，并与之垂直整合，实现了最佳的性能/能耗比。MapleJS 与华为 HiLink 智能家居合作开发，可帮助用户快速接入华为 HiLink 物联网协议，进一步助力厂商，赋能智能家居。

8.4 小结

LiteOS SDK 是 Huawei LiteOS 软件开发工具包，包括端云互通组件、OTA 升级、JS 引擎等内容。

Huawei LiteOS 的互通组件又称端云互通组件，用于快速建立终端与云端之间的通信和数据交互。开发者可以通过该组件将物联网设备接入华为 OceanConnect 物联网云平台，进行物联网应用开发和调测。端云互通组件支持两种通信协议，分别为 LwM2M 协议和 MQTT 协议，这两个通信协议都是 IoT 应用中的常用协议。LwM2M 协议由开放移动联盟提出，是一种轻量级的、标准通用的物联网设备管理协议，可用于快速部署客户端/服务器模式的物联网业务；MQTT 协议是一种基于发布和订阅的简单的、轻量级的通信协议，它应用于资源受限的设备及低带宽、高延时、不可靠的网络。MQTT 3.1.1 已成为 OASIS 的标准。

随着海量物联网终端的部署，通过远程方式对终端软件进行升级变得日益重要，远程方式能大大降低以往通过人工近端进行升级所投入的成本。OTA 是空中下载技术，是通过移动通信（GSM、NB-IoT 等）的空中接口对通信模组及应用进行远程管理的技术，OTA 包括 SOTA 升级和 FOTA 升级。SOTA 升级通过华为自研的 PCP 升级协议，加上内置 LwM2M 协议的 NB-IoT 模组，实现对第三方 MCU 的升级。FOTA 升级通过 NB-IoT 模组内置 LwM2M 协议的 5 号对象，实现对模组本身的升级。

Huawei MapleJS 是面向物联网设备端应用开发的轻量化 JavaScript 引擎以及其配套的开发工具集。MapleJS 可以运行在 LiteOS 物联网实时操作系统之上并支持 HiLink 物联网协议，使得开发者能够在资源受限的嵌入式设备上使用 JavaScript 进行开发，并通过提供统一的设备能力抽象接口向开发者屏蔽硬件差异，使其更加聚焦于业务实现，从而提升物联网设备应用的开发效率。

第 9 章 LiteOS双端优化

09

学习目标

① 了解华为 OceanConnect 物联网平台 | ② 了解 OpenCPU 解决方案

为了提供更强大、更全面、更便利的物联网开发体验，辅助 Huawei LiteOS 操作系统，为其打造了云端与终端的双端优化。华为物联网平台 OceanConnect 与 Huawei LiteOS 相结合，可实现快速高效便捷的物联网应用开发。

本章将先介绍 OceanConnect 物联网平台，帮助读者了解其丰富的功能及与 Huawei LiteOS 的快速适配；再介绍如何使用 Huawei LiteOS 的 OpenCPU 解决方案，实现无 MCU 的超低成本物联网终端设计。

9.1 云管端

在物联网业务中，云管端模式是最常见的整体解决方案。用户可以通过云端对部署的物联网终端设备进行数据收集和远程控制管理。配合 Huawei LiteOS 物联网操作系统的是华为云提供的专门的物联网平台 OceanConnect，它提供了海量设备的接入和管理功能，配合华为云的其他产品同时使用，可快速构建物联网应用。

利用华为 OceanConnect 物联网平台，用户可以方便地将海量物联网终端连接到物联网云平台上，实现设备和平台之间数据采集和命令下发的双向通信，对设备进行高效、可视化的管理，对数据进行整合分析。使用 Huawei LiteOS 的端云互通组件，可以快速建立终端设备与 OceanConnect 的连接，快速构建创新的物联网业务。

9.1.1 OceanConnect 物联网平台

OceanConnect 是华为云推出的以物联网连接管理平台为核心的物联网生态圈。基于物联网、云计算、大数据等核心技术，可构建统一开放的物联网连接管理平台，通过开放 API 和 IoT Agent，可实现与上下游产品能力的无缝连接，从而给客户提供端到端的高价值行业应用，如 OceanConnect 智慧家庭、OceanConnect 车联网、OceanConnect 智能抄表等。

物联网连接管理平台包括数据管理、设备管理和运营管理，可实现统一安全的网络接入、各种终端的灵活适配、海量数据的采集分析，从而实现新价值的创造。物联网连接管理平台不仅可以通过 Agent 简化各类终端厂家的开发，屏蔽各种复杂设备接口，实现终端设备的快速接入；还可以面向各行业提供强大的开放能力，支撑各行业伙伴快速实现各种物联网业务应用，以满足各行业客户的个性化业务需求。

9.1.2　OceanConnect 的功能

OceanConnect 提供了丰富的功能以帮助用户实现业务功能，包括设备接入、设备管理等。图 9-1 展示了 OceanConnect 的功能框架。

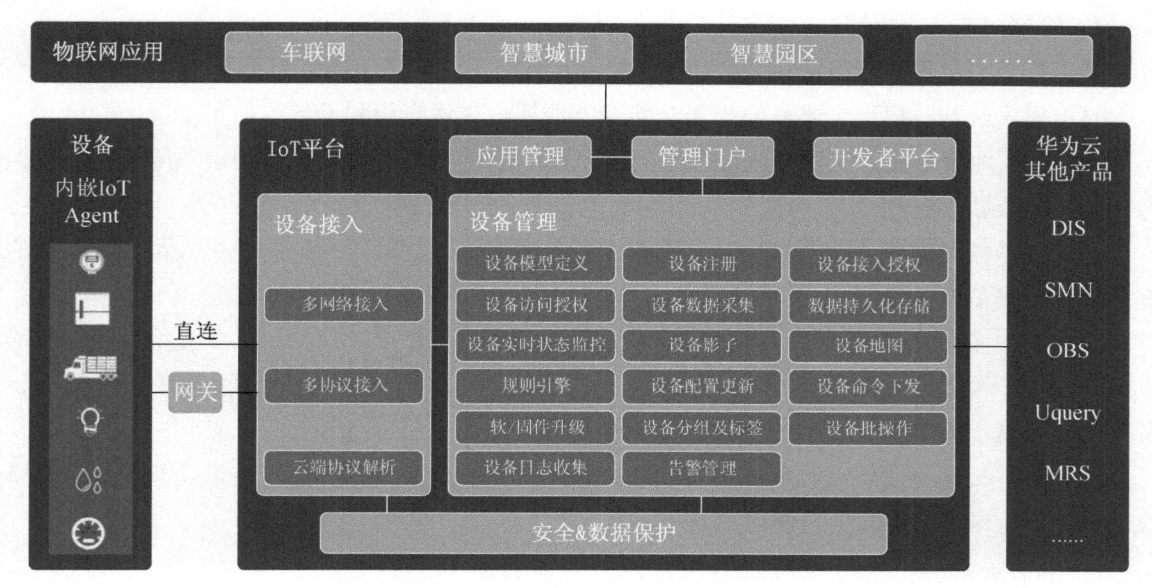

图 9-1　OceanConnect 的功能框架

1. 设备接入

物联网平台支持终端设备直接接入，也可以通过工业网关或家庭网关接入，其也支持多网络接入、多协议接入、多 Agent 接入和云端协议解析，解决了设备接入复杂多样化和碎片化难题，实现了设备的快速接入。

（1）多网络接入：支持有线和无线的接入方式，如固定宽带、2G/3G/4G/5G、NB-IoT、Z-Wave、ZigBee、eLTE 等。

（2）多协议接入：支持 HTTP/S、MQTTS、LwM2M/CoAP 原生协议接入。

（3）多 Agent 接入：支持 Agent Rich、Agent Lite 和 Agent Tiny，覆盖的语言包括 C、Java、Python。Agent 预集成了 Z-Wave、ZigBee、Wi-Fi、蓝牙等近场通信协议，提供了数据链路管理功能。

（4）云端协议解析：支持在云端对接入协议和设备数据进行解析，无需变更设备端数据上报格式，在云端开发插件并进行灵活解析。

2. 设备管理

物联网平台提供了丰富完备的设备管理能力，用户可以通过管理门户或调用 API 对设备进行管理，以支持设备数据上报、远程控制。物联网平台提供了设备上线、维护、网络连接、告警、报表分析、升级、注销等全生命周期管理。

3. 安全&数据保护

物联网平台提供了多种安全防护措施，以确保设备安全，有效保护数据。

（1）设备安全：提供一机一密的设备安全认证机制，防止设备非法接入。

（2）信息传输安全：基于 TLS、DTLS、DTLS+加密协议，提供了安全的传输通道。

（3）数据保护：满足欧盟《通用数据保护条例》中关于数据隐私保护的要求。

4. 管理门户

基于管理门户可进行快捷高效的设备和应用管理。管理门户还提供了如下功能。

（1）报表统计：提供了丰富的报表功能，方便用户查看应用和设备的使用情况。

（2）GIS 地图集成：支持主流地图集成，通过 GIS 地图可以直观地看到设备所处的位置，方便定位及查找设备。

（3）用户权限管理：企业管理员可以根据业务需要，为物联网平台的使用人员配置不同的账户权限，降低业务风险。

（4）租户多级管理：用户可以创建多个层级的子用户，每个子用户可以独立地管理对应的设备，主用户可以统一对所有子用户下的设备进行管理，不同子用户之间可实现资源的隔离，互不干扰，从而满足企业不同的分级管控需求。

（5）审计日志：对所有物联网平台使用人员的操作日志、安全日志（登录、登出、密码修改等）进行记录，便于日志分析和故障定位。

5. 开发者平台

开发者平台是基于物联网平台所提供的一站式开发工具，帮助开发者快速开发产品、设备模型和编解码插件，并进行自动化测试，生成测试报告。后续章节会通过实验进行物联网应用实战，届时可以体验开发者平台的使用。

9.1.3 OceanConnect 的优势

物联网普及的速度在加快，很多企业在物联网转型过程中往往面临着平台容量小、接入碎片化、设备管理复杂、安全难保证等难题。

OceanConnect 平台使用了微服务电信级架构，提供了亿级海量连接和百万级并发的能力，业务可靠性达到了 99.9%，解决了平台容量问题的同时更保证了性能。

针对设备接入协议网络碎片化问题，OceanConnect 平台提供了多网络、多协议、多语言 SDK 的支持，屏蔽了物联网碎片化，实现了设备的快速接入。

为方便设备管理，平台提供了覆盖全部设备生命周期的管理能力，包括设备模型、注册、监控、配置、升级、远程故障诊断等，省去了人工操作，提升了管理效率。

同时，相比传统物联网平台，OceanConnect 平台不需要额外开发、部署各种安全措施，而直接提供了多种安全防护措施，确保设备安全和信息传输安全。这些安全措施满足欧盟《通用数据保护条例》中有关数据隐私保护的要求，确保数据得到有效保护。

9.1.4 Huawei LiteOS 快速适配

Huawei LiteOS 的端云互通组件集成了端云通信协议，屏蔽了复杂的服务器通信过程。在默认设置下，端云互通组件会通过以太网方式接入云平台，其中涉及 LwIP 网络协议栈和 LwM2M 协议。开发者仅需提供平台的通信地址即可快速对接云平台，打造端云产品。对接完成后调用相应 API 即可进行数据上报和命令接收。

采用 LwM2M 协议通信时，LwM2M 消息的数据为应用层数据，应用层数据的格式由开发者自行定义。由于物联网设备对省电的要求较高，所以应用层数据一般采用二进制格式构成。物联网平台在对应用层数据进行协议解析时，会将其转换成统一的 JSON 格式，以方便应用服务器使用。

平台通过 Profile 文件来描述设备类型和设备服务能力，通过编解码插件实现二进制消息与 JSON 格式消息的转换，并将 JSON 格式消息与设备服务相对应。如此，终端上传的数据即可与云平台的设备关联对应，实现云管端。

9.2 OpenCPU 方案

物联网应用始终追求更小、更轻、更快的目标，物联网设备的硬件在不断地更新进化，软件也在不断地更替优化，两者性能都有了突破性的提升。

硬件与软件始终是相辅相成的。两者在单独优化的同时，还要考虑与另一方的兼容与适配。而软硬件结合考虑，可以迸发出更多创造性的解决方案，并提升整体应用性能。Huawei LiteOS 携手模组厂商提供了低成本解决方案——OpenCPU 方案，通过操作系统的特殊支持，大幅缩减了硬件需求，减小硬件体积的同时降低了设备功耗。

9.2.1 方案思路

一个传统的物联网开发板基本上包括以下几大部件。

（1）MCU：即 CPU，开发板的主要计算单元。

（2）通信模组：通信模组负责与云端进行通信，包括数据传输、命令接收等。不同的通信模式会使用不同的通信模组。

（3）传感器：根据业务需求，可搭载不同传感器进行数据采集。

一般情况下，MCU 会负责除通信以外的所有运算，即操作系统中所有任务及中断处理都通过 MCU 执行。而在需要通信时，MCU 通过 UART 与通信模组进行交互，将数据交由通信模组进行传输或获取通信模组接收到的数据。通信模组本身也是一块轻量的 MCU，根据通信模式的不同预先烧录了对应的程序。既然板上有两块通过 UART 交互的 MCU，为何不能将两块 MCU 减少为一块呢？其限制条件便是空间。

通信程序占用的 ROM 和 RAM 空间很少，因此这块 MCU 的硬件配置需求降低了很多。为了节省成本，通信模组使用的 MCU 配置普遍较低，其 ROM 和 RAM 空间非常有限。以 NB-IoT 芯片 NB86-G 为例，该芯片的 ROM 空间为 352KB，RAM 空间为 64KB。除去 NB-IoT 通信程序所需要的空间之外，剩余的 ROM 空间约为 100KB，RAM 空间约为 30KB。要利用剩余的空间去运行一个完整的操作系统困难重重。然而，Huawei LiteOS 最精简的内核大小不超过 10KB，完全可以在通信模组剩余的 ROM 和 RAM 空间中运行。

OpenCPU 方案便是利用了 Huawei LiteOS 轻量级的特点，巧妙地利用通信模组的剩余空间运行 LiteOS 操作系统及相应业务，从而省去了第二块 MCU。对于一个物联网设备而言，省去一块 MCU 带来的收益是十分巨大的。由于空间资源非常有限，OpenCPU 方案适用于较为简单的轻量级物联网应用，如智能抄表。这类应用本身需要的运算资源较少，完全可以利用一块 MCU 完成。

9.2.2 开发优势

OpenCPU 方案具有四大开发优势：高集成、低成本、轻功耗、强安全。

1. 高集成

物联网设备中最占体积的就是 MCU。OpenCPU 方案缩减了硬件需求，整个设备只需要一块 MCU。这块 MCU 既充当通信模组，又承载了整个操作系统和业务程序。从两块 MCU 减少为一块，意味着设备有更高的集成度，其产品体积可以缩减近 40%。

更小的产品体积可以带来更多竞争优势，例如，在智能抄表业务中，小巧的产品更容易部署在各种大小的水表中。

2. 低成本

OpenCPU 方案可以节省一整块 MCU 的成本。同时，尺寸的减小降低了生产材料的需求，进一步降低了成本。

3. 轻功耗

MCU 的节省意味着原本这部分的能耗被去掉了。除此之外，使用一块 MCU 也避免了 MCU 与通信模组的交互，减少了中间资源的占用，提高了交互效率。

4. 强安全

在传统方案中，MCU 进行传感器数据采集后，通过 UART 将数据传递给通信模组进行数据上报。在此过程中，会有近端攻击者通过读取 UART 窃取其中的关键业务数据。

OpenCPU 方案中不再需要通过 UART 传递关键业务数据。传感器的数据采集到数据上报操作全部在一块 MCU 中完成，不会暴露在外，消除了近端攻击窃取的可能。

9.3 小结

为了提供更优质的物联网开发体验，华为为 Huawei LiteOS 量身打造了云端和终端的双端优化，以实现快速、高效、便捷的物联网应用开发。

云管端模式在物联网业务中不可或缺。OceanConnect 是华为云推出的以物联网连接管理平台为核心的物联网生态圈，不仅可以将海量物联网终端连接到物联网云平台，实现平台对设备的高效、可视化管理，还可以通过 Huawei LiteOS 的端云互通组件快速建立端云连接，并实现高效而安全的数据交互。

OpenCPU 方案充分发挥了 Huawei LiteOS 超轻量的优势，利用通信模组的剩余 ROM 和 RAM 空间运行 LiteOS 操作系统，从而避免为操作系统提供单独的 MCU，大幅节省了设备体积、成本、功耗等。在轻量物联网业务中，如智能抄表领域，OpenCPU 方案可以极大地提升产品竞争力。

第 10 章 LiteOS应用

10

学习目标

① 了解 Huawei LiteOS 在智能穿戴设备上的应用
② 了解 Huawei LiteOS 在智能家居中的应用
③ 了解 Huawei LiteOS 的其他应用解决方案

Huawei LiteOS 应用范围十分广泛。它具有体积小、能耗低、速度快、通用性强等特点，可帮助物联网领域的各类应用到达一个崭新的高度。配合其丰富的拓展组件及 Huawei 配套的物联网生态体系，开发人员可以简单快速地在 Huawei LiteOS 上进行物联网应用开发，并投入实践。

目前，Huawei LiteOS 已经在智能穿戴设备、智能家居、智能摄像头及智能水表等多个应用领域中有了优秀的应用，提供了更低廉的能量消耗、更迅速的加载启动、更稳定的通信连接及更流畅的用户体验。

本章将介绍现有 Huawei LiteOS 已经成熟的几个物联网应用及解决方案，从实践中了解 Huawei LiteOS 的特色。

10.1 智能手机和可穿戴应用

智能穿戴设备在物联网应用中对硬件、软件的要求都是最高的。因为其可移动可穿戴，所以它们普遍需要使用容量有限的电池作为能源，这意味着它们对设备能耗管理有着非常严格的要求。同时，这类穿戴设备涉及与用户的频繁交互，因此，相比其他物联网终端设备，它需要搭载更丰富的功能，这对其系统的功能丰富性也是一大考验。

传统的智能穿戴设备大多使用 Android 操作系统实现，虽然功能丰富完善，但是其中大部分功能对于穿戴设备而言仍然是多余的，这将带来额外的开销。而 Huawei LiteOS 作为一个针对物联网应用的操作系统，在具有完备功能的同时做了针对性的精简，达到了更低的能耗和更快的速度。

Huawei 的智能腕表产品 Huawei Watch GT 在拥有丰富功能的同时具备强劲的续航能力，而这与它使用 Huawei LiteOS 作为基础操作系统有着密切关系。Watch GT 具有大量传感器，包括重力加速度传感器、陀螺仪、GPS 和光学心率传感器等。其通过 Huawei LiteOS 的传感器优化框架对所有传感器进行统一控制和高效管理，完整实现了包括计步、定位、心跳检测在内的各种功能。

Watch GT 同样具有与用户交互的图形用户界面，这会给轻量级操作系统带来巨大的计算负担，是对系统性能的重大考验。很明显，Huawei LiteOS 经受住了这个考验。它向人们证明，Huawei LiteOS 作为一个物联网操作系统，一样可以胜任较为复杂的桌面系统，提供用户交互平台。

Huawei LiteOS 凭借其强大的能耗管理系统，为 Watch GT 的高续航提供了可能。在使用 420mA・h 电池的情况下，Huawei Watch GT 在纯手表模式下可以实现 30 天的超长续航；在满负荷工作（GPS 运动）状态下也能持续续航长达 22 小时。

10.2 智能家居应用

华为针对智能家居的客户挑战与痛点（如协议标准不统一、智能程度低、互连互通难等），提出了 HiLink 智能家居解决方案，该解决方案主要包含六要素，包括 HiLink SDK、生态伙伴智能设备、HiLink 智能路由、云平台、手机 App 及联盟认证，统一互连互通协议，搭建连接人、物、云的开放架构，可实现多厂商设备的互连互通，使设备轻松连接入网，并可与 Huawei LiteOS 无缝结合，通过多层面的能力开放实现灵活的业务创新。同时，华为以开放合作为原则主导建立了 HiLink 智能家居产业联盟，聚集了产业各环节的合作伙伴，组织合作伙伴产品及业务预集成，为消费者、地产商、集成商提供端到端的智能家居服务。

Huawei LiteOS 通过接管手机传感设备（如屏幕）等，实现手机传感识别与智能家居互连互通操作对接，从而可以直接在手机灭屏等情况下对家庭的其他设备进行操作，再结合手机智能场景感知等特性，实现更加简洁的智能化操作体验。

Huawei LiteOS 通过从操作系统层、网络连接协议层等多个层面优化互连互通协议，一方面实现设备与设备通信更实时、用户操作“零”等待的体验诉求，另一方面，确保连接更加可靠和通畅，减少用户操作出现的“卡”“顿”等问题。

10.3 其他

Huawei LiteOS 在智能摄像机、智能水表、智能照明、智能停车等领域中也发挥着重要作用。

10.3.1 MobileCam

海思半导体融合创新的 4K/H.265+技术，搭载华为物联网操作系统 Huawei LiteOS，推出了面向物联网时代的 MobileCam 系统解决方案。MobileCam 系统解决方案可广泛应用于运动 DV、智能摄像头、无人机、可视门铃等领域。

搭载 Huawei LiteOS 的 MobileCam 解决方案具有以下特性。

（1）1s 快速启动。

（2）通过 Huawei LiteOS 低功耗特性实现电池供电工作，适用于室外和身体佩戴使用场景。

（3）通过 Huawei LiteOS 智能休眠、快速唤醒等特性，实现省电及事件快速响应。

（4）4G 无线连接及传输，支持运动 DV 场景视频直播。

10.3.2 智能水表

当前抄表业务逐步进入物联网时代，智能水表方案成为解决人工抄表、检测管网水压、同步流量对比、分时计费等问题的关键，目的在于支撑水务公司降低人力成本、提前规避问题、定位或发现管网漏水问题、提高水资源利用率。华为针对水务公司，提出了“智能水务”解决方案，基于 NB-IoT 技术实现智能抄表，支撑水务公司实现抄表业务的智能化。

对于智能水表方案来说，为了降低运维成本，可以更换水表，但是不能增加布线等成本，因此，终端设备普遍采取电池供电（无电源线供电）模式，整体系统将最大限度地进行降低功耗设计，确保单个设备电池供电可达 5～10 年，这对于终端设备系统来说存在两个方面的挑战。

（1）当前大部分智能水表使用独立的 MCU 运行自己的水表算法和应用，在增加数据传输芯片（如 NB-IoT 芯片）后，如何有效进行数据处理并将数据传输给芯片，如何减少电源消耗单元，成为了新的挑战。

（2）在同样的业务功能下，如何简化软件设计、实现高效的业务算法、降低软件复杂度、实现更低功耗的 CPU 开销及更小的内存使用量与更少的存储空间，并最终达成整体系统的低功耗目标，对于操作系统等基础软件平台是又一个新的挑战。

作为极轻量级的物联网操作系统，Huawei LiteOS 结合华为 NB-IoT 芯片，实现了“二合一”竞争力。一方面，减少不必要的 MCU 以降低功耗，另一方面，通过持续构建轻量级平台牵引智能水表算法与应用优化实现极低功耗的软件开销。

搭载 Huawei LiteOS 的智能水表解决方案具有以下关键特性。

（1）更低功耗、更低运维成本：Huawei LiteOS 提供了轻量级内核等组件，支撑智能水表长达多年的待机使用时间，减少水务公司更新水表电池的频率，从而实现整体运维成本的降低。

（2）二合一模式、更低的设备成本：Huawei LiteOS 结合华为 NB-IoT 芯片，可以实现数据处理与传输（传感+互联）“二合一”能力，减少设备额外 MCU、内存的使用，从而降低设备的成本。

（3）开放 API、更低的应用开发与移植成本：Huawei LiteOS 通过开放的 API 屏蔽底层传感管理和数据传输机制，使得水表应用可以聚焦于业务本身，从而使得水务公司避免依赖具体的传感技术和传输技术，更加高效地开发应用算法和逻辑。

10.3.3 智能照明

作为华为敏捷物联解决方案的重要实践，华为照明物联网解决方案与 LED 照明技术完美融合，打造了业界首个多级智能控制照明物联网解决方案。通过该解决方案，城市照明路灯将统一接入物联网络，基于 GIS 进行可视化管理，管理者可以清楚地了解每一个街区、每一盏路灯的状态信息。通过应用灵活的照明策略，可以对每一盏路灯的开关状态、照明亮度进行精准控制，真正实现按需照明，节能效率高达80%。

基于新的智能照明解决方案，每个路灯都会部署一个控制器，在支持即插即用的同时，多个控制器之间与敏捷物联网关形成Mesh组网，具有自组网、自修复的能力，因此，扩大组网规模、多厂商集成成为关键诉求。

（1）扩大组网规模：当前业界短距Mesh组网的结点为几十到二三百个，对于整个城市路灯数量来说，单个组网规模需要进一步扩大，并确保该组网规模内连接的可靠性和数据传递的低时延，从而降低整体运维成本和扩大城市路灯管理规模。

（2）多厂商集成：不同的芯片厂商和路灯业务之间能够快速集成，需要操作系统确保实时多任务框架简化采集和控制任务的实现，以加速路灯应用的集成，通过标准应用开发接口帮助应用无缝迁移到未来新的处理器上。

Huawei LiteOS除了提供轻量级基础内核之外，还提供了互连互通引擎特性，包括针对大规模组网的网络协议栈和多种互连形态的能力，支撑华为智能照明解决方案终端侧的竞争力构建。Huawei LiteOS支持短距（6LowPAN、ZigBee等）和广距（NB-IoT、LTE等）连接形式，提供了统一的开放API，应用数据传输无感知底层传输协议，在大规模组网的情况下和复杂环境中，实现路灯数据采集和路灯控制的灵活覆盖。Huawei LiteOS使用了5X Mesh组网规模，使大规模结点控制更高效。

搭载Huawei LiteOS的智能照明解决方案具有以下关键特性。

（1）更大规模组网、更高效的运维：Huawei LiteOS提供了互连互通引擎来实现多协议支持、大规模Mesh组网能力，可以在保障路灯控制各种规格指标的前提下，大大提升智能路灯覆盖规模和灵活度，从而提升运维效率、降低运维成本。

（2）更有效的集成、更快的TTM：Huawei LiteOS经历过大规模产品集成和商业发布，相关经验延展到智能照明领域，基于实时多任务框架简化智能路灯数据采集和控制任务的实现，帮助合作伙伴加速路灯应用的集成，通过标准应用开发接口帮助应用无缝迁移到未来新的处理器上，从而快速实现新产品的上市和推广。

10.3.4 智能停车

未来，城市停车将逐步进入智能时代，通过智能停车方案可解决人工管理困难、施工难度大、运维复杂、车主体验差、收费管理混乱等问题，在这个阶段，智能停车方案将深入到城市的每个角落，影响每个车主和停车运营厂商。华为当前与合作伙伴推出了NB-IoT智能停车解决方案，从云、管、端3个方面支撑合作伙伴构建高竞争力的智能停车方案。

在传统的停车系统中，终端侧主要负责数据的采集，以确定是否有车辆停泊在车位上，终端处理逻辑简单、功能单一；智能停车方案将大大提升整个停车业务的处理能力和业务创新能力，但对智能停车终端设备提出了更高的要求。

（1）即插即用、超长待机：车辆检测终端设备需要在无需布线、安装简单的条件下快速部署，并且在长达数年时间内无需人工干预就能持续工作，并完成固件、算法、应用的更新升级。

（2）设备持续低成本：智能设备部署规模将呈现指数级增长，单设备成本需要持续降低，在实现更多业务能力的基础上，实现整体的成本可控。

（3）业务可持续创新：终端设备需要支持新增传感设备、新增传感算法、新增业务特性的快速部署，以支持停车业务的创新，适应不断增长的用户诉求并提供更加智能的体验。

Huawei LiteOS 作为华为物联网操作系统可以支撑华为 NB-IoT 智能停车解决方案，重点解决终端侧的挑战并进行竞争力构建。一方面，持续构建轻量级平台以支撑设备降低成本，实现超长待机；另一方面，通过智能传感框架，可实现多传感协同，支撑设备业务的创新。

搭载 Huawei LiteOS 的智能停车解决方案具有以下关键特性。

（1）更低成本、超长待机：Huawei LiteOS 提供轻量级内核等组件，与华为 NB-IoT 芯片结合实现传感与互连“二合一”的能力，一个芯片在支持数据以 NB-IoT 传输的同时，又支持部署应用传感算法；基于 Huawei LiteOS 开放 API，停车传感算法和应用可以无缝移植到 NB-IoT 芯片上进行部署，并基于 Huawei LiteOS 传感框架实现应用算法优化和效率提升，消除不必要的 MCU、内存、存储成本。Huawei LiteOS 互连协议栈默认支持与华为物联网连接管理平台对接，在支持设备本身即插即用能力的同时，与物联网连接管理平台协同实现固件、算法、应用的更新升级，降低停车系统的运营成本。Huawei LiteOS 通过轻量级平台架构、动态与分散加载技术、RunStop 机制等牵引整个软件栈，实现超低功耗待机，支撑停车终端设备在极低功耗下运作。

（2）停车业务创新：Huawei LiteOS 提出了多传感协同、全连接覆盖等理念，停车业务在基本的泊车能力基础上，可以基于开放的 API、应用框架和中间件不断实现业务创新，合作伙伴可以开通不同传感能力（如停车传感、震动传感、人像传感等）并实现多传感协同，基于短距+广距的互连能力和多应用互通能力，实现类似停车安防、事故及时检查、自动泊车辅助等业务创新，进一步增强用户可选择、可设置的功能，提升用户体验并增加收入。

10.4 小结

Huawei LiteOS 有着巨大的潜力，可以广泛应用在各类物联网领域之中。配合其优化组件和华为物联网生态圈，基于 Huawei LiteOS 进行物联网应用开发十分高效便捷。时至今日，已经出现了诸多使用 Huawei LiteOS 的物联网解决方案。

智能穿戴设备是对物联网系统的最大考验之一，而 Huawei LiteOS 在这个领域中做到了能耗和功能的双赢。相比于传统 Android 操作系统，在保持功能不变和提供出色性能的同时，Huawei LiteOS 有着更低的能耗，续航时间是之前的 7 倍。

华为针对智能家居的客户挑战与痛点，提出了 HiLink 智能家居解决方案，与 Huawei LiteOS 无缝结合，并通过多层面的能力开放，实现灵活的业务创新。其可以做到更加简洁的智能化操作体验和更可靠、更通畅的网络连接。

在诸如智能摄像、智能水表、智能照明、智能停车等解决方案中，Huawei LiteOS 更是提供了更低的功耗、更低的成本、更快的速度和更高的性能。

第 11 章 LiteOS实验环境配置

11

学习目标

① 了解实验开发板及其对应组件
② 了解实验 IDE 开发工具
③ 配置 LiteOS 实验环境，为后续实验做准备

从本章开始将进入实验部分，通过实战进一步巩固 LiteOS 的知识点。Huawei LiteOS 的相关实验需先在计算机中完成代码撰写和交叉编译，再通过 ST-Link、JLink 等工具将编译生成的镜像文件烧录至开发板中，方可运行。

本章将介绍 Huawei LiteOS 实验所需要的基础环境配置。在硬件方面，有多种开发板可供选择，如板载 Wi-Fi、以太网通信模块及光敏模块的野火 STM32F429 开发板，可自由更换多种传感器扩展板和通信扩展板的小熊派（BearPi）开发板等；在软件方面，可以选择使用 MDK、IAR、GCC 等业界通用的集成开发环境（Integrated Development Environment，IDE）工具，也可以使用华为 LiteOS Studio 作为开发 IDE，快速编译并烧录工程。此外，开发人员需自己准备装载了 Windows 操作系统的计算机。

11.1 硬件环境

开发板属于物联网操作系统架构中的感知层设备。感知层设备为感知类的智能设备，由传感器、芯片、通信模组及操作系统组成。其中，芯片主要是单片机，如 STM32 系列、华为的海思系列等。不同的芯片有不同的指令集，需要不同的驱动代码支持。

Huawei LiteOS 支持多种型号的单片机，目前已经支持 ARM Cortex-M0、Cortex-M3、Cortex-M4、Cortex-M7 等芯片架构，LiteOS 官方提供的几款已适配的开发板包括了完整的 Keil、IAR、GCC 工程，不需要移植即可直接使用，如图 11-1 所示。有能力和有兴趣进行移植的开发者也可根据所选的单片机型号完成移植。

本节将以野火 STM32F429IG 和小熊派两个已经完成移植的开发板为样例，供开发人员选择。

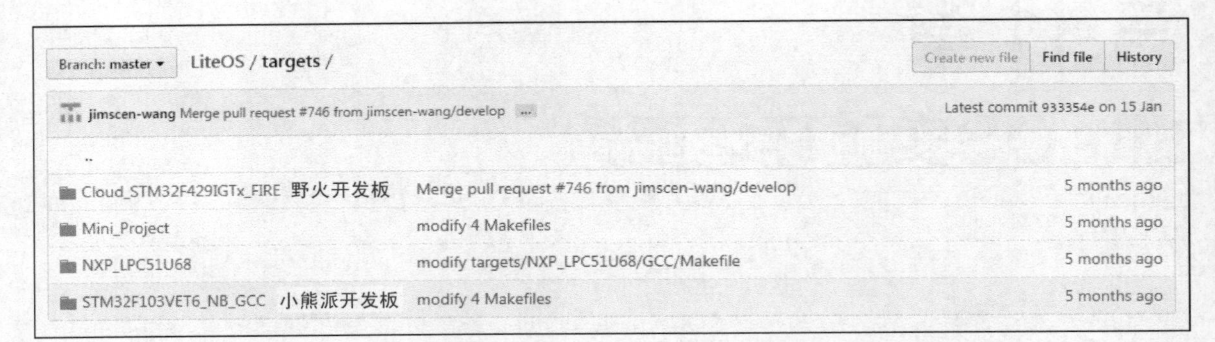

图 11-1　LiteOS 官方适配的开发板

11.1.1　野火 STM32F429IG 开发板

野火 STM32F429IG 开发板的外设如图 11-2 所示。它使用 ARM Cortex-M4 系列的高性能单片机 STM32F429 作为主芯片。其 Flash 容量为 1MB，RAM 容量为 256KB，完全满足 Huawei LiteOS 的硬件需求。

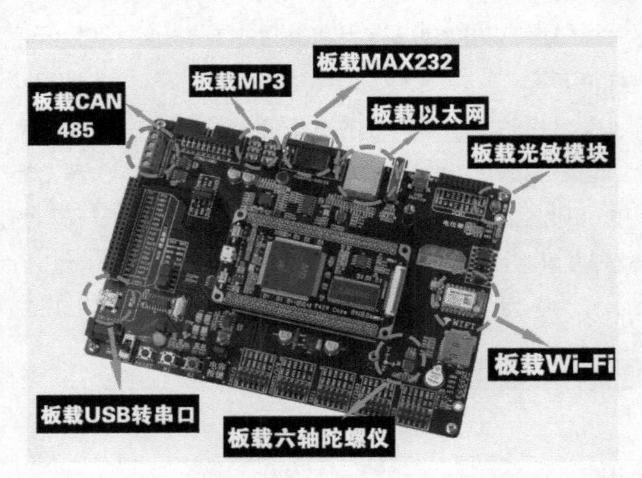

图 11-2　野火 STM32F429IG 开发板的外设

开发板通过板载 USB 转串口与计算机通信，通过 ST-Link 进行镜像文件的烧录，也可以读取开发板向串口发送的打印信息，以验证实验的正确性。

在传感器方面，该开发板板载了光敏模块及六轴陀螺仪模块，可用于模拟智能路灯等案例。在通信方面，该开发板板载 Wi-Fi 通信模块和以太网入口，在开发过程中多采用这两种方式进行通信。

除了板载模块之外，开发板也提供了 MAX232 和 CAN485 通信串口，可用于外接其他的传感器模块，实现更多开发案例，其底部也以排针的方式引出了标准 UART、IIC、SPI、SDIO 通信接口，用于外接模块和开发板进行通信。

开发板上有专门的 RGB 屏幕接口，可直接插在开发板上使用。由于大部分 Huawei LiteOS 实验不涉及用户界面，所以这里不做过多介绍。

11.1.2　小熊派开发板

小熊派开发板与传统开发板不同的是，为了满足不同应用的开发需求，小熊派开发板采用了可更换扩展板的动态设计，开发者可根据案例需求自由更换扩展板。小熊派开发板根据功能可分为主板、传感器扩展板和通信扩展板，如图 11-3 所示。

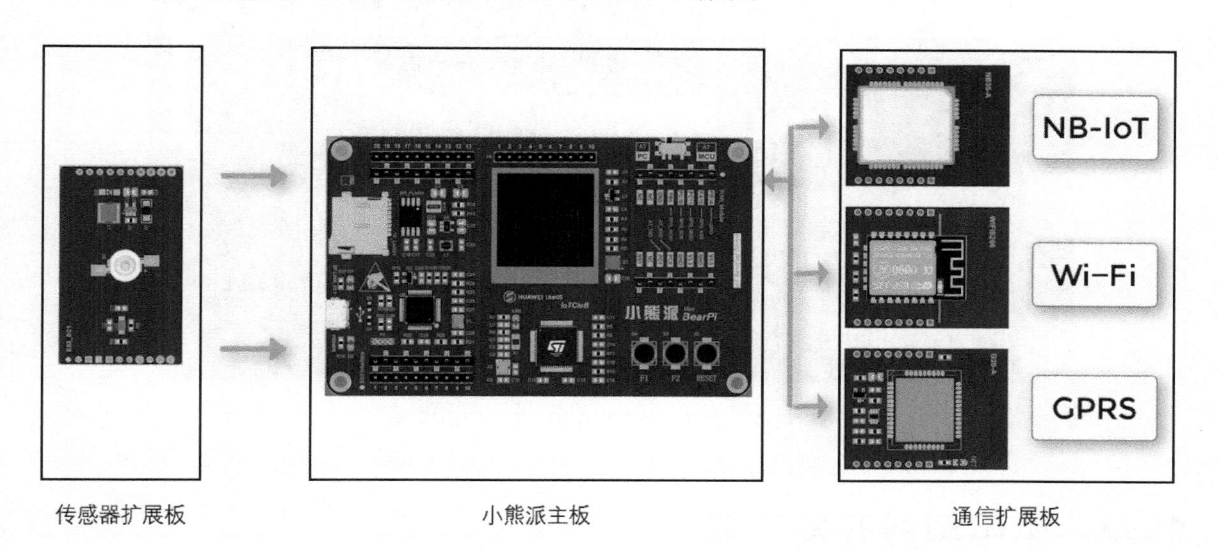

图 11-3　小熊派开发板组件

小熊派主板使用低功耗的 STM32L431 单片机作为主芯片，适用于轻量级的开发任务。它提供了 ST-Link v2.1 的串口，用于与计算机连接，完成镜像烧录及模拟打印串口等功能。其板载的 SPI Flash 容量达到 8MB，支持 OTA 升级功能。主板中心有一块 240×240 DPI 的 RGB 液晶显示屏，可实时显示传感器数据等。

小熊派的通信扩展板目前主要有 3 种不同的通信方式，分别为 NB-IoT、Wi-Fi 和 GPRS，后续还会加入 4G 通信扩展板。安装或更换通信扩展板前都需要将主板断电，通信扩展板插在主板右上方的引脚口中，天线朝外。

目前，市场主流的通信模块多通过 AT 指令进行通信。为了方便调测，小熊派开发板提供了 AT 串口切换器，当开关向左时，标志为 AT-PC，此时通信模块直接通过串口与计算机连接，可通过计算机直接发送 AT 指令来测试通信模块是否正常；开关向右时，标志为 AT-MCU，通信模块与主板芯片相连，在业务逻辑中可通过通信模块与云端沟通。除调试以外，实验中应将开关拨向 AT-MCU 挡，AT 串口切换器在小熊派开发板的右上角区域，如图 11-4 所示。

小熊派的传感器扩展板可直接安插在主板左侧的引脚口中。安装或更换前同样需要将主板断电。图 11-3 中的传感器为光敏传感器，用于模拟智能路灯项目。其他传感器包括温度传感器、烟雾传感器和 GPS 传感器等。目前，小熊派开发板只允许同时接入一块通信扩展板和一块传感器扩展板，因此无法模拟多传感器的案例。

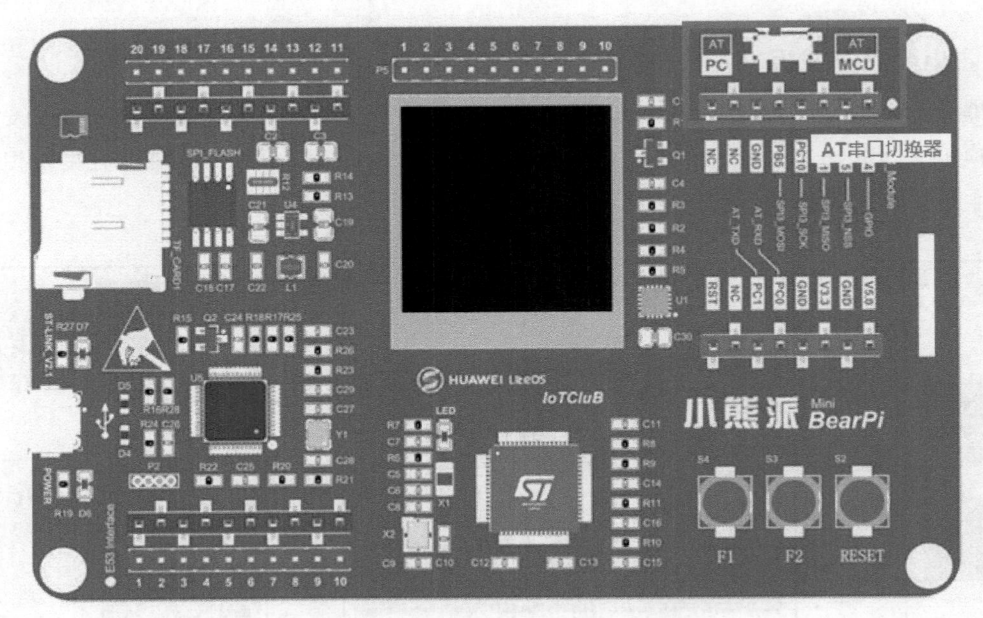

图 11-4　小熊派开发板中的 AT 串口切换器

11.2　常用集成开发工具

目前，市场上应用较多的 STM32 微处理器开发的集成开发环境软件有 MDK-ARM（Keil）、IAR、GCC，以及华为自研的 IDE 工具——LiteOS Studio。

1. MDK–ARM

MDK-ARM 来自德国的 Keil 公司，是 RealView MDK 的简称，业内又简称为 Keil。目前最新版本为 MDK 5.29。该版本使用了 uVision5 IDE，是目前针对 ARM 处理器，尤其是 Cortex-M 内核处理器的最佳开发工具。

2. IAR for ARM

IAR for ARM 是一款为 ARM 微处理器开发的集成开发环境软件。该集成开发环境软件中包含了 C/C++编译器、汇编工具、链接器、库管理器、文本编辑器、工程管理器和 C-SPY 调试器，支持 ARM、AVR、MSP430 等芯片内核平台。

3. GCC

SW4STM32 是 ST 官方推出的开发工具，支持全系列 STM32，可以运行在 Windows、Linux 和 MacOS 等多种操作系统中，其目前是完全免费的。

4. LiteOS Studio

LiteOS Studio 是华为公司自主开发，基于 Huawei LiteOS 操作系统的集成开发环境，支持 C、C++、汇编等多种开发语言，提供代码编辑、编译、烧录及调试等一站式开发体验，目前免费提供给开发者使用。

11.3　LiteOS Studio

下面将以 LiteOS Studio 为例，简要介绍其安装、配置和使用。MDK、IAR、GCC 等工具的参考资料较多，这里不再赘述。

1. 安装

LiteOS Studio 的安装过程十分简单。双击安装包后，选择安装目录并确认，即可自动完成后续所有安装。除了烧录工具之外，绝大多数工具已经内置安装。开发板烧录需要的 ST-Link 或 JLink 驱动工具需要开发人员自行安装。

2. 界面及其功能

LiteOS Studio 的主界面如图 11-5 所示。

图 11-5　LiteOS Studio 的主界面

（1）最上方区域为工具栏，包含了新建、保存、撤销等基本操作和调试所需的编译、烧录等功能。

常用的操作如下。

① 编译：编译当前项目文件。

② 重新编译：删除上次编译内容并重新编译项目。

③ 烧录：将编译镜像烧录至目标开发板。

④ 重启开发板：若烧录失败，可单击此按钮重新烧录。

⑤ 开始调试：可以启动或停止调试代码的运行。

（2）左侧区域为项目目录，主要由项目工程文件构成，包含了工程代码、配置文件、编译文件等。通过该区域可以快速找到并打开工程文件，也可以进行创建和删除等操作。

（3）右侧区域为代码区，可以显示并编辑打开的代码文件。代码区有完整的 C、C++编程语言的 IDE，方便开发人员进行代码编写。

（4）底侧区域为控制台，主要用于显示控制信息，包括编译信息、烧录信息等。编译或烧录出错时会在该区域中显示，供开发人员进行错误排查。同时，左下方可选择串口终端，在开发板正常运行时可以通过串口终端获取开发板向串口发送的内容。

11.4 实验环境准备

为完成后续实验，需要准备 Windows 操作系统计算机、任意 Huawei LiteOS 所支持芯片的开发板（及配套传感器和通信模块）、USB 连接线等设备，并需要安装好 LiteOS Studio。下面的实验环境准备部分以小熊派开发板为例进行介绍。

11.4.1 ST-Link 驱动安装与开发板连接

小熊派开发板可通过 USB 连接线与计算机相连。由于小熊派开发板通过 ST-Link 进行调试和烧录，若计算机没有安装 ST-Link 驱动，是无法识别开发板的，因此，计算机须先下载安装 ST-Link 驱动。安装驱动时，应注意根据自身计算机类型选择 32 位或 64 位的安装包。

驱动安装完成后，按 Win+R 组合键打开 Windows 快速运行窗口，输入 devmgmt.msc 并按 Enter 键，即可打开设备管理器。若开发板正确连接且驱动正确安装，则可以在设备管理器的端口一栏找到以 STM 开头的端口信息。若在通用串行总线设备中也能找到 ST-Link Debug 模拟器，则表示连接成功。

11.4.2 LiteOS 工程导入

Huawei LiteOS 代码包可从 GitHub 获取。完整代码包的目录结构如图 11-6 所示。

arch	2018/6/8 16:09	文件夹	
components	2018/6/8 16:09	文件夹	
doc	2018/6/8 16:09	文件夹	
examples	2018/6/8 16:09	文件夹	
kernel	2018/6/8 16:09	文件夹	
targets	2018/6/8 16:09	文件夹	
.travis.yml	2018/6/8 16:09	YML 文件	1 KB
LICENSE	2018/6/8 16:09	文件	2 KB
README.md	2018/6/8 16:09	MD 文件	4 KB

图 11-6 完整代码包的目录结构

其中，arch 文件夹包含了硬件驱动，components 文件夹包含了各个组件，kernel 文件夹包含了主要内核代码，而工程文件放在 targets 文件夹中。

首先，打开 LiteOS Studio，在打开的窗口中选择“导入其他嵌入式工程（gcc）”选项，如图 11-7 所示，并选择对应的工程文件，即导入 LiteOS Studio 工程。

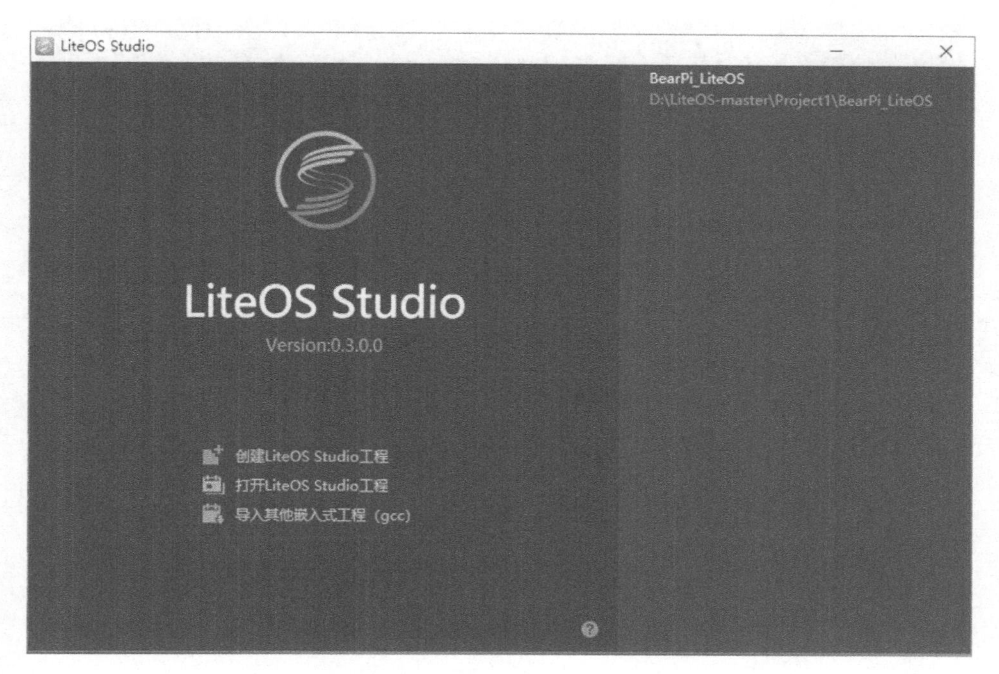

图 11-7　选择“导入其他嵌入式工程（gcc）”选项

其次，配置工程目录和 Makefile 文件。工程目录为 Huawei LiteOS 的根目录，Makefile 文件放置在 targets 文件夹的对应开发板芯片型号文件夹中，如图 11-8 所示。

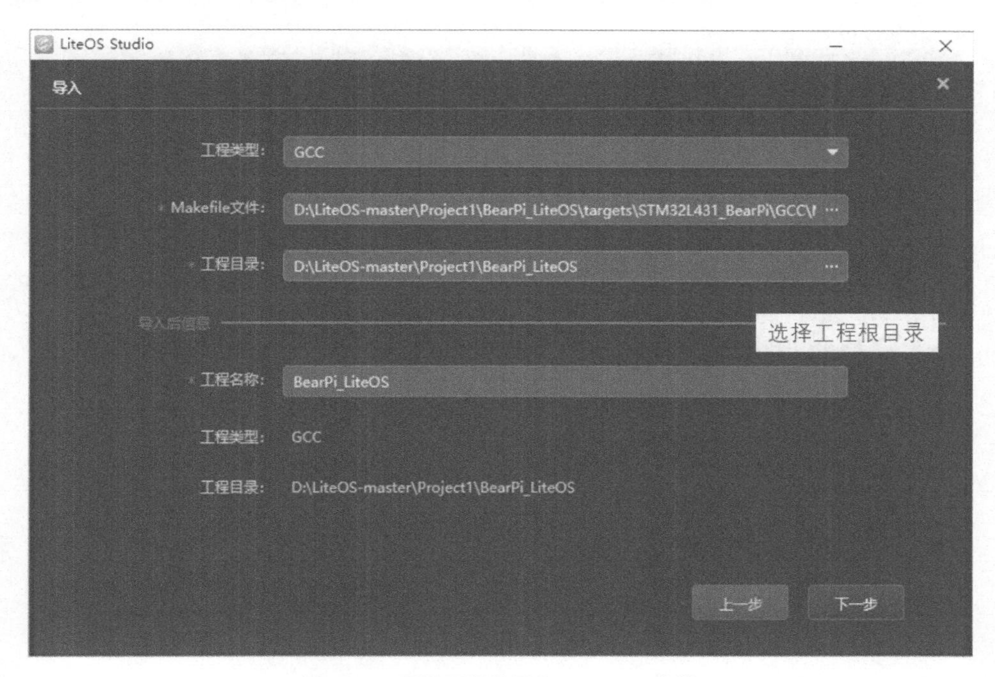

图 11-8　配置工程目录和 Makefile 文件

再次，根据开发板芯片的型号选择对应的 MCU 型号，如图 11-9 所示。

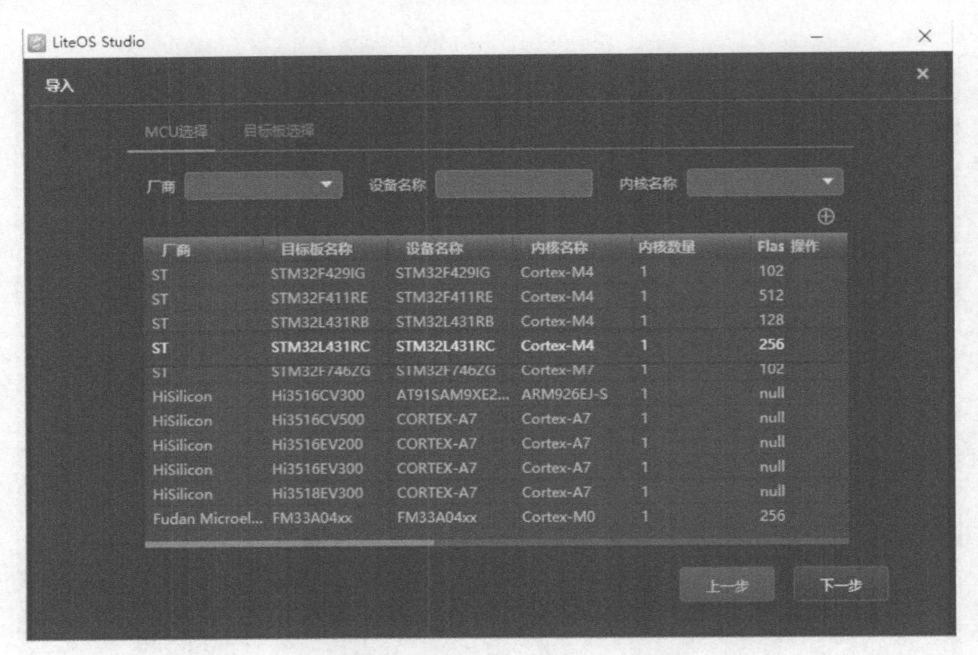

图 11-9　选择对应的 MCU 型号

最后，选择烧录和调试使用的工具。LiteOS Studio 默认使用 JLink 作为烧录器和调试器，若使用 ST-Link，则可在“烧录方式”和“调试方式”下拉列表中将烧录器和调试器设置为 ST-Link，调试器的更换与烧录器的更换类似。烧录器的配置如图 11-10 所示。

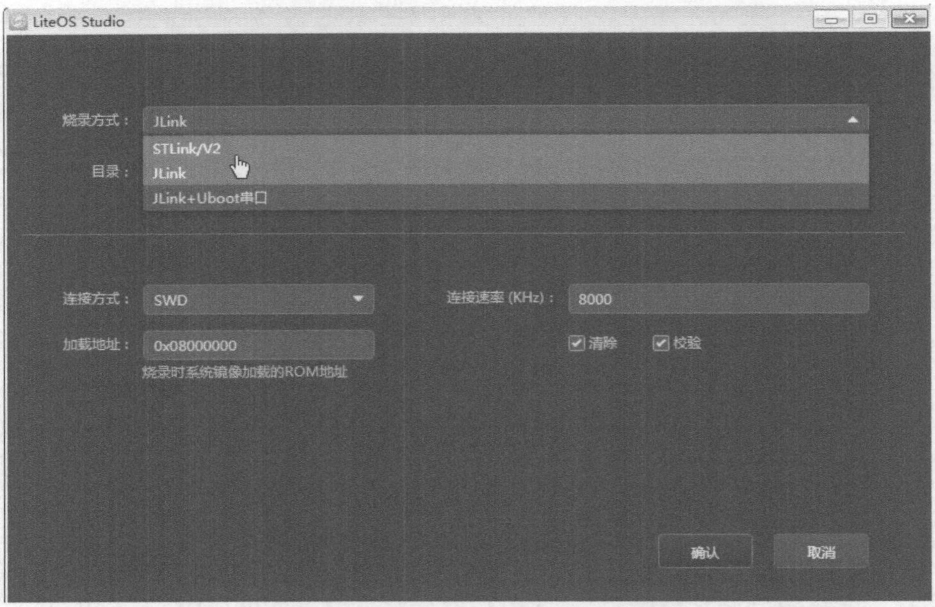

图 11-10　烧录器的配置

完成工程导入后，LiteOS Studio 进入主界面。此时可通过左侧项目目录区域打开 targets 工程目录中的 main.c 文件，开始编写代码，代码的具体内容可在后续实验章节中获知。

编写完成后，单击调试工具栏中的“编译”按钮即可进行编译。若编译成功，则会在底部控制台中显示对应信息，如图 11-11 所示。

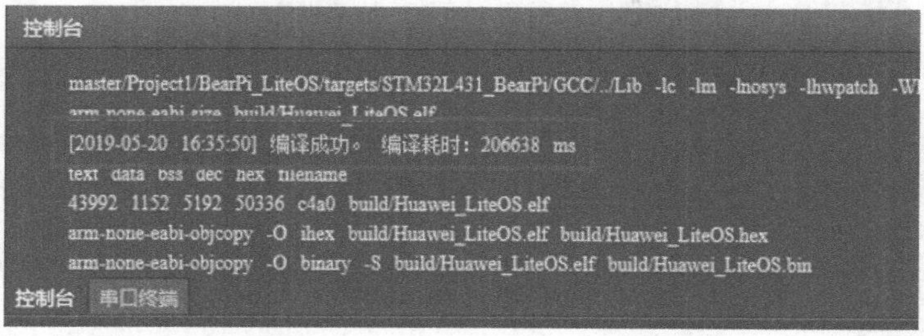

图 11-11 LiteOS Studio 编译成功

若编译失败，则在底部控制台中显示对应报错信息。可忽略编译过程中的告警信息“warning: could not find /tmp”。

编译完成后，需要进行烧录的相关设置。单击调试工具栏最右侧的“工程配置”按钮，进入工程配置界面。在界面左侧选择“编译输出”选项卡，并在右侧更改编译输出目录，如图 11-12 所示。

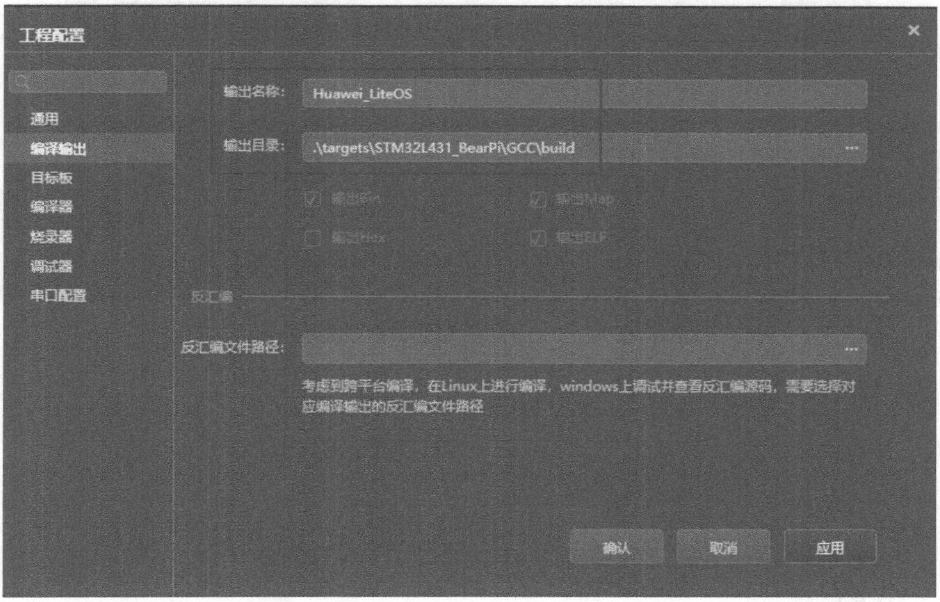

图 11-12 更改编译输出目录

输出目录必须修改为对应 targets 目录中 GCC 目录的 build 目录，否则无法正常烧写固件。确认并保存配置后，单击调试工具栏中的“烧录”按钮即可完成烧录，若烧录失败，可尝试单击“重启”按钮重启开发板，如图 11-13 所示。

成功烧录并运行后，可在底部控制台中选择“串口终端”选项，在串口终端界面上方设置端口号和波特率（一般为115200），并在右上方打开串口，即可在串口终端看到开发板的输出信息，用于验证实验结果，如图 11-14 所示。

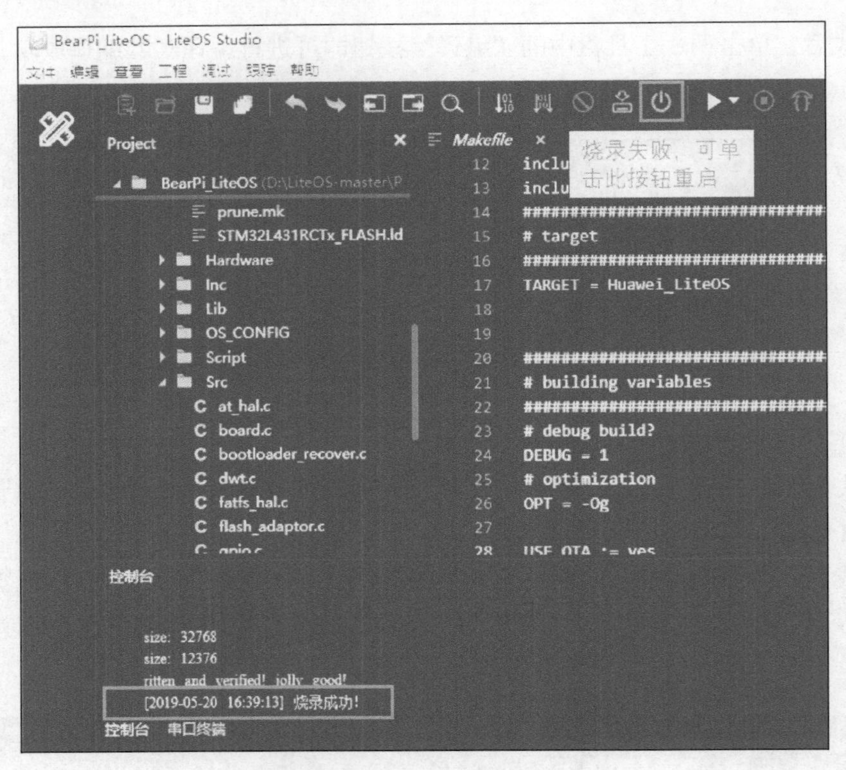

图 11-13 完成烧录

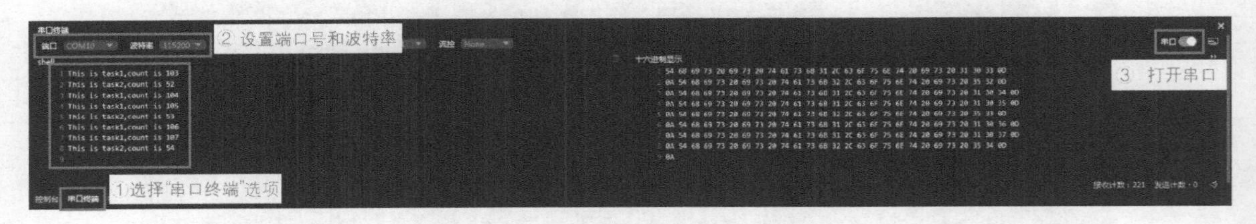

图 11-14 LiteOS Studio 串口终端

若底部没有“串口终端”选项，则可通过上方查看栏中的“串口终端”选项或“Ctrl+`”组合键开启该选项。也可通过其他软件（如 QCOM）查看运行打印日志。

至此，LiteOS 实验所需的环境配置已完成。

11.5 小结

Huawei LiteOS支持多种型号的单片机，读者可自行查阅手册确认开发板芯片是否支持这些单片机。本章介绍了几种常用的 IDE 工具，读者可以根据自身需要选择使用。后续章节中的实验使用的是小熊派开发板，读者也可以选择其他开发板进行练习。

第 12 章 LiteOS内核实验一

12

学习目标

① 通过实验巩固 LiteOS 内核中任务的相关知识
② 掌握任务的创建、删除及参数设置方法
③ 掌握任务优先级及抢占机制
④ 掌握任务延时机制

本章介绍了 Huawei LiteOS 的几个基础内核实验，帮助读者在实践中进一步了解和巩固 Huawei LiteOS 任务的相关知识。本章所有实验均须在完成第 11 章实验环境配置的基础上进行。

本章实验分为 3 个部分：任务创建部分涉及基础的任务创建，主要包括任务入口函数和任务参数设置等基础任务知识；任务优先级抢占与延时部分涉及任务的优先级及任务延时等知识；任务中创建与删除部分涉及任务的嵌套执行等知识。

12.1　任务创建

RTOS 与裸机程序最大的区别就是对多任务的管理，OS 会为多个同优先级的任务平均分配 CPU 时间片，从而达到每个任务在单个 CPU 上实现并行处理的效果，即不会因为某个任务长期占用 CPU 而卡住其他任务的运行。

12.1.1　任务入口函数

Huawei LiteOS 通过 LOS_TaskCreate 函数进行任务创建，需要传递两个参数，分别为 ID 及 Params。其中，ID 用于区分每一个独立的 Task，该参数为输出型参数，在任务创建成功后会返回实际分配的任务 ID；Params 则用于设置任务的属性，具体设置会在 12.1.2 小节中进行详细介绍。在 Params 中可以指定任务的入口函数，当任务被创建时将自动执行对应的入口函数。

在本实验中，将通过主任务创建两个同优先级的 Task。在运行时，Task1 和 Task2 会轮询，保证单个 Task 不会等待太久的时间。

参数设置：

```
#define TASK_LOOP_COUNT        10000000
```

```
#define TASK_STK_SIZE        0
#define TASK_DEFAULT_PRIO    6
UINT32 s_uwTskID1;
UINT32 s_uwTskID2;
```

在 main.c 文件开头进行宏和全局变量的设置，这些预设值大多数在后续实验中被使用。其中，TASK_LOOP_COUNT 用于定义任务延时等待时间，该设置下等待时间大约为 1s；TASK_STK_SIZE 用于定义任务栈大小，定义为 0 时表示使用默认任务栈大小；TASK_DEFAULT_PRIO 用于定义默认任务优先级，值为 0～31；s_uwTskID1 和 s_uwTskID2 为存放两个任务 ID 的变量。

1. 主任务代码

```
UINT32 Example01_Entry(VOID) {
    UINT32 uwRet = LOS_OK;
    TSK_INIT_PARAM_S stInitParam = {0};

    printf("Example01_Entry\n");

    stInitParam.pfnTaskEntry = Example01_Task1;
    stInitParam.usTaskPrio = TASK_DEFAULT_PRIO;
    stInitParam.pcName = "Task1";
    stInitParam.uwStackSize = TASK_STK_SIZE;
    uwRet = LOS_TaskCreate(&s_uwTskID1, &stInitParam);
    if (uwRet != LOS_OK) {
        printf("Example_Task1 create Failed!\n");
        return LOS_NOK;
    }

    stInitParam.pfnTaskEntry = Example01_Task2;
    stInitParam.pcName = "Task2";
    uwRet = LOS_TaskCreate(&s_uwTskID2, &stInitParam);
    if (uwRet != LOS_OK) {
        printf("Example_Task2 create Failed!\n");
        return LOS_NOK;
    }

    return uwRet;
}
```

主任务通过 LOS_TaskCreate 函数依次创建 Task1 和 Task2，并分别用 Example01_Task1 和 Example01_Task2 作为任务入口函数。任务的参数通过 stInitParam 进行设置，在下一个实验中将会对任务参数的设置进行实践。

2. 入口函数代码

```
static VOID * Example01_Task1(UINT32 uwArg) {
    const CHAR *pcTaskName = "Task 1 is running\n";
    UINT32 i;
    for (;;) {
        puts(pcTaskName);
        for (i = 0; i < TASK_LOOP_COUNT; i++) {
```

```
            // 占用 CPU 耗时运行
        }
    }
}

static VOID * Example01_Task2(UINT32 uwArg) {
    const CHAR *pcTaskName = "Task 2 is running\n";
    UINT32 i;
    for (;;) {
        puts(pcTaskName);
        for (i = 0; i < TASK_LOOP_COUNT; i++) {
            // 占用 CPU 耗时运行
        }
    }
}
```

Example01_Task1 和 Example01_Task2 会周期性地输出不同的字符串，并通过 for 循环在一定时间内占用 CPU 耗时运行。这里没有使用 Huawei LiteOS 内置的延时函数，这是因为 for 循环不会主动进行任务间的切换。

3. 期望效果演示

实验的期望效果可以在 LiteOS Studio 的串口终端中进行查看，如图 12-1 所示。可以发现，虽然主任务依次创建了 Task1 和 Task2，但在实际运行的时候，因为两个 Task 的优先级相同，所以 Task1 和 Task2 会交替输出字符串。

图 12-1　任务创建实验的期望效果

12.1.2　任务参数设置

Huawei LiteOS 的任务参数通过结构体 TSK_INIT_PARAM_S 进行设置，包括任务名、入口函数、任务参数、优先级等。

```
typedef struct tagTskInitParam
{
    TSK_ENTRY_FUNC      pfnTaskEntry; /**< 任务入口函数 */
    UINT16              usTaskPrio;   /**< 任务优先级 */
    UINT32              uwArg;        /**< 任务参数 */
    UINT32              uwStackSize;  /**< 任务栈大小 */
    CHAR               *pcName;       /**< 任务名 */
    UINT32              uwResved;     /**< 保持 */
} TSK_INIT_PARAM_S;
```

在本实验中，将用另一种方式实现 12.1.1 小节中的实验内容，通过复用同一个入口函数并传入不同参数来区分两个任务。

1. 参数设置

```
const CHAR *pcTextForTask1 = "Task 1 is running\n";
const CHAR *pcTextForTask2 = "Task 2 is running\n";
```

在 12.1.1 小节的实验参数基础上，增加两个字符指针常量 pcTextForTask1 和 pcTextForTask2。两个字符指针常量将作为参数分别传入两个任务，并被输出至串口中。

2. 主任务代码

```
UINT32 Example02_Entry(VOID) {
    UINT32 uwRet = LOS_OK;
    TSK_INIT_PARAM_S stInitParam = {0};

    printf("Example02_Entry\n");

    stInitParam.pfnTaskEntry = Example02_Task;
    stInitParam.usTaskPrio = TASK_DEFAULT_PRIO;
    stInitParam.pcName = "Task1";
    stInitParam.uwStackSize = TASK_STK_SIZE;
    stInitParam.uwArg = (UINT32)pcTextForTask1;
    uwRet = LOS_TaskCreate(&s_uwTskID1, &stInitParam);
    if (uwRet != LOS_OK) {
        printf("Example_Task1 create Failed!\n");
        return LOS_NOK;
    }

    stInitParam.pfnTaskEntry = Example02_Task;
    stInitParam.usTaskPrio = TASK_DEFAULT_PRIO;
    stInitParam.pcName = "Task2";
    stInitParam.uwStackSize = TASK_STK_SIZE;
    stInitParam.uwArg = (UINT32)pcTextForTask2;
    uwRet = LOS_TaskCreate(&s_uwTskID2, &stInitParam);
    if (uwRet != LOS_OK) {
        printf("Example_Task2 create Failed!\n");
        return LOS_NOK;
    }
```

```
    return uwRet;
}
```

主任务通过 LOS_TaskCreate 函数依次创建 Task1 和 Task2，两个 Task 使用的入口函数都是 Example02_Task，但通过不同的 uwArg 区分两个任务并输出不同的内容。pcTextForTask1 和 pcTextForTask2 分别为 Task1 和 Task2 的待输出字符串，可事先定义为全局变量。

值得注意的是，uwArg 为 U32 类型，因此，传递字符串常量时需将常量首地址传递进去，传递其他复杂数据类型时也可以通过这个方法实现。

3. 入口函数代码

```
static VOID * Example02_Task(UINT32 uwArg) {
    UINT32 i;
    for (;;) {
        printf("%s\r\n", (const CHAR *)uwArg);
        for (i = 0; i < TASK_LOOP_COUNT; i++) {
            // 占用 CPU 耗时运行
        }
    }
}
```

与 12.1.1 小节中实验不同的是，这里仅实现了一个入口函数——Example02_Task，通过传入不同的参数 uwArg 来控制不同的输出内容。

4. 期望效果演示

实验的期望效果可以在 LiteOS Studio 的串口终端中进行查看，如图 12-2 所示。Task1 和 Task2 使用相同的入口函数，但传递的参数不同，因此，在同优先级的情况下，它们会交替输出各自对应的字符串。

图 12-2　任务参数设置实验的期望效果

12.2 任务优先级抢占与延时

嵌入式实时操作系统最大的特点就是任务优先级管理，高优先级任务被中断触发后，可以打断正在运行的低优先级任务，在第一时间完成最紧急的任务。

12.2.1 任务优先级抢占

在 Huawei LiteOS 中，任务的优先级最高为 0，最低为 31。数值越低，表示优先级越高。

在本实验中，将创建两个不同优先级的任务，高优先级任务将会一直抢占 CPU，导致低优先级任务无法执行。

1. 参数设置

```
#define TASK_PRIO_HI        4
#define TASK_PRIO_LO        5
UINT32 s_uwTskLoID;
UINT32 s_uwTskHiID;
const CHAR *pcTextForTaskLo = "TaskLo is running\n";
const CHAR *pcTextForTaskHi = "TaskHi is running\n";
```

在沿用之前实验参数的基础上，额外设置了两个不同的优先级 TASK_PRIO_HI 和 TASK_PRIO_LO。TASK_PRIO_HI 的数值小于 TASK_PRIO_LO，意味着优先级为 TASK_PRIO_HI 的任务有更高的优先级，将会抢占优先级为 TASK_PRIO_LO 的任务。全局变量 s_uwTskLoID 和 s_uwTskHiID 用于存放任务 ID。全局变量 pcTextForTaskLo 和 pcTextForTaskHi 定义了传入两个任务并被输出的参数。

2. 主任务函数

```
UINT32 Example03_Entry(VOID) {
    UINT32 uwRet = LOS_OK;
    TSK_INIT_PARAM_S stInitParam = {0};

    printf("Example03_Entry\n");

    stInitParam.pfnTaskEntry = Example03_TaskHi;
    stInitParam.usTaskPrio = TASK_PRIO_HI;
    stInitParam.pcName = "TaskHi";
    stInitParam.uwStackSize = TASK_STK_SIZE;
    stInitParam.uwArg = (UINT32)pcTextForTaskHi;
    uwRet = LOS_TaskCreate(&s_uwTskHiID, &stInitParam);
    if (uwRet != LOS_OK) {
        printf("Example_TaskHi create Failed!\r\n");
        return LOS_NOK;
    }

    stInitParam.pfnTaskEntry = Example03_TaskLo;
    stInitParam.usTaskPrio = TASK_PRIO_LO;
    stInitParam.pcName = "TaskLo";
    stInitParam.uwStackSize = TASK_STK_SIZE;
```

```
    stInitParam.uwArg = (UINT32)pcTextForTaskLo;
    uwRet = LOS_TaskCreate(&s_uwTskLoID, &stInitParam);
    if (uwRet != LOS_OK) {
        printf("Example_TaskLo create Failed!\r\n");
        return LOS_NOK;
    }

    return uwRet;
}
```

主任务函数与 12.1.2 小节中的主任务函数类似，通过 LOS_TaskCreate 函数依次创建 TaskHi 和 TaskLo，分别使用 Example03_TaskHi 与 Example03_TaskLo 作为入口函数，并使用不同的 uwArg 输出不同的内容。特别地，TaskHi 的优先级设为 TASK_PRIO_HI，TaskLo 的优先级设为 TASK_PRIO_LO。pcTextForTaskHi 和 pcTextForTaskLo 分别为 TaskHi 和 TaskLo 待输出字符串，可事先定义为全局变量或宏。

3. 入口函数代码

```
static VOID * Example03_TaskHi(UINT32 uwArg) {
    UINT32 i;
    for (;;) {
        printf("%s\r\n", (const CHAR *)uwArg);
        for (i = 0; i < TASK_LOOP_COUNT; i++) {
            // 占用 CPU 耗时运行
        }
    }
}

static VOID * Example03_TaskLo(UINT32 uwArg) {
    volatile UINT32 i;
    for (;;) {
        printf("%s\r\n", (const CHAR *)uwArg);
        for (i = 0; i < TASK_LOOP_COUNT; i++) {
            // 占用 CPU 耗时运行
        }
    }
}
```

两个入口函数 Example03_TaskHi 与 Example03_TaskLo 执行的功能是相同的，它们周期性地将传入的参数输出，并使用 for 循环持续占用 CPU，实现周期性。之所以写成两个函数是要为后续实验做准备。

4. 期望效果演示

实验的期望效果可以在 LiteOS Studio 的串口终端中进行查看，如图 12-3 所示。在两个任务中，仅具有高优先级的 TaskHi 在周期性地输出对应的字符串，而具有低优先级的 TaskLo 因为一直被抢占 CPU 资源而始终处于等待状态，无法执行。

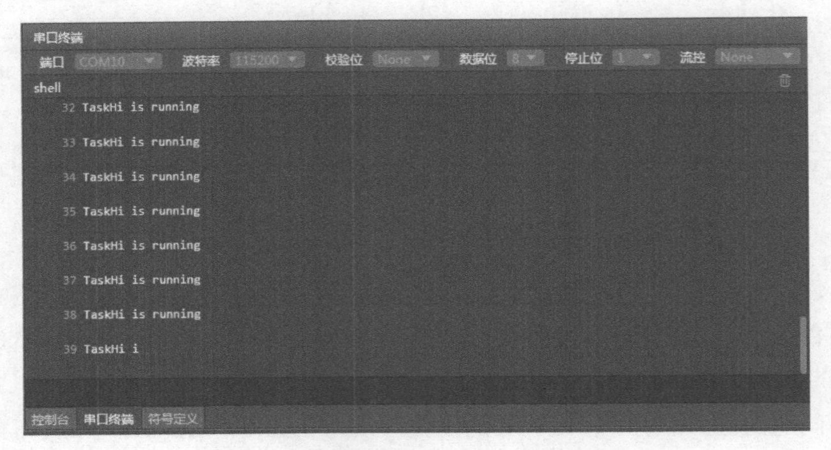

图 12-3 任务优先级抢占实验的期望效果

12.2.2 任务延时

为了避免高优先级任务始终抢占 CPU 而导致低优先级任务无法执行，可以在业务逻辑中增加延时函数，以确保低优先级的任务正常执行。

Huawei LiteOS 的延时函数为 LOS_TaskDelay，使用此函数后，任务将在指定数量的 Tick 内释放 CPU 资源，让低优先级任务运行。

在本实验中，将使用 LOS_TaskDelay 函数代替 for 循环，使得任务在输出间隔期间释放 CPU，解决低优先级任务无法正常执行的问题。

1. 主任务代码

```
UINT32 Example04_Entry(VOID) {
    UINT32 uwRet = LOS_OK;
    TSK_INIT_PARAM_S stInitParam = {0};

    printf("Example04_Entry\n");

    stInitParam.pfnTaskEntry = Example04_TaskHi;
    stInitParam.usTaskPrio = TASK_PRIO_HI;
    stInitParam.pcName = "TaskHi";
    stInitParam.uwStackSize = TASK_STK_SIZE;
    stInitParam.uwArg = (UINT32)pcTextForTaskHi;
    uwRet = LOS_TaskCreate(&s_uwTskHiID, &stInitParam);
    if (uwRet != LOS_OK) {
        printf("Example_TaskHi create Failed!\r\n");
        return LOS_NOK;
    }

    stInitParam.pfnTaskEntry = Example04_TaskLo;
    stInitParam.usTaskPrio = TASK_PRIO_LO;
    stInitParam.pcName = "TaskLo";
    stInitParam.uwStackSize = TASK_STK_SIZE;
    stInitParam.uwArg = (UINT32)pcTextForTaskLo;
    uwRet = LOS_TaskCreate(&s_uwTskLoID, &stInitParam);
    if (uwRet != LOS_OK) {
        printf("Example_TaskLo create Failed!\r\n");
```

```
            return LOS_NOK;
        }

        return uwRet;
    }
```

主任务函数与 12.2.1 小节中的主任务函数相同，通过 LOS_TaskCreate 函数依次创建 TaskHi 和 TaskLo，分别使用 Example04_TaskHi 与 Example04_TaskLo 作为入口函数，并使用不同的 uwArg 输出不同的内容。TaskHi 拥有更高的优先级 TASK_PRIO_HI，TaskLo 拥有更低的优先级 TASK_PRIO_LO。

2. 入口函数代码

```
static VOID * Example04_TaskHi(UINT32 uwArg) {
    for (;;) {
        printf("%s\r\n", (const CHAR *)uwArg);
        LOS_TaskDelay(2000);
    }
}

static VOID * Example04_TaskLo(UINT32 uwArg) {
    for (;;) {
        printf("%s\r\n", (const CHAR *)uwArg);
        LOS_TaskDelay(2000);
    }
}
```

两个入口函数 Example04_TaskHi 与 Example04_TaskLo 周期性地输出传入的参数，与之前不同的是，这两个函数都使用 LOS_TaskDelay 函数代替 for 循环，控制两次输出之间的间隔为 2000 个 Tick，同时在等待期间释放 CPU 资源。

3. 期望效果演示

实验的期望效果可以在 LiteOS Studio 的串口终端中进行查看，如图 12-4 所示。可以发现，由于使用了 LOS_TaskDelay 函数，高优先级任务 TaskHi 在等待时释放了 CPU，使得低优先级的 TaskLo 可以正常执行。

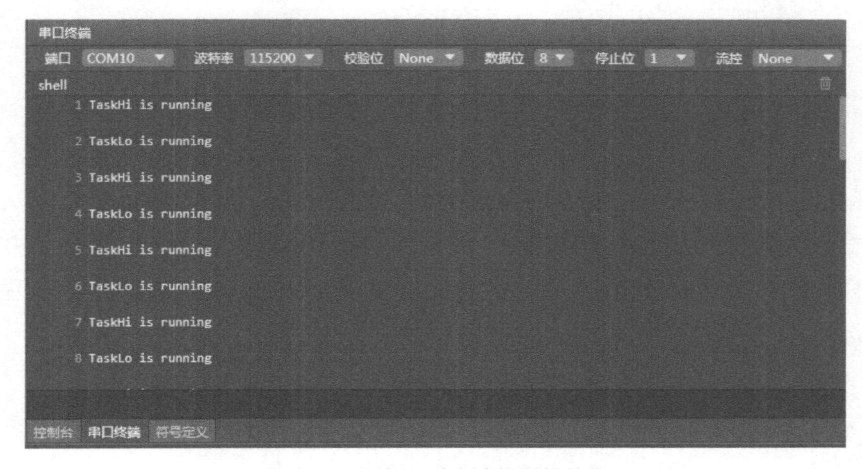

图 12-4 任务延时实验的期望效果

12.2.3 高优先级任务打断

倘若低优先级任务持续占用 CPU 资源，则当高优先级任务需要执行时，低优先级任务会被打断，将资源让给高优先级任务执行。而低优先级任务只有在高优先级任务结束或执行 LOS_TaskDelay 期间才能执行。

在本实验中，将实验高优先级任务的打断功能，将低优先级任务设置为持续任务（使用 for 循环），将高优先级任务设置为周期任务（使用 LOS_TaskDelay 函数），以观察高优先级任务周期性地打断低优先级任务并执行。

1. 主任务代码

```
UINT32 Example05_Entry(VOID) {
    UINT32 uwRet = LOS_OK;
    TSK_INIT_PARAM_S stInitParam = {0};

    printf("Example05_Entry\n");

    stInitParam.pfnTaskEntry = Example05_TaskHi;
    stInitParam.usTaskPrio = TASK_PRIO_HI;
    stInitParam.pcName = "TaskHi";
    stInitParam.uwStackSize = TASK_STK_SIZE;
    stInitParam.uwArg = (UINT32)pcTextForTaskHi;
    uwRet = LOS_TaskCreate(&s_uwTskHiID, &stInitParam);
    if (uwRet != LOS_OK) {
        printf("Example_TaskHi create Failed!\r\n");
        return LOS_NOK;
    }

    stInitParam.pfnTaskEntry = Example05_TaskLo;
    stInitParam.usTaskPrio = TASK_PRIO_LO;
    stInitParam.pcName = "TaskLo";
    stInitParam.uwStackSize = TASK_STK_SIZE;
    stInitParam.uwArg = (UINT32)pcTextForTaskLo;
    uwRet = LOS_TaskCreate(&s_uwTskLoID, &stInitParam);
    if (uwRet != LOS_OK) {
        printf("Example_TaskLo create Failed!\r\n");
        return LOS_NOK;
    }

    return uwRet;
}
```

主任务函数与 12.2.1 小节中的主任务函数相同，通过 LOS_TaskCreate 函数依次创建 TaskHi 和 TaskLo，分别使用 Example05_TaskHi 与 Example05_TaskLo 作为入口函数，并使用不同的 uwArg 输出不同的内容。TaskHi 拥有更高的优先级 TASK_PRIO_HI，TaskLo 拥有更低的优先级 TASK_PRIO_LO。

2. 入口函数代码

```
static VOID * Example05_TaskHi(UINT32 uwArg) {
    for (;;) {
        printf("%s\n", (const CHAR *)uwArg);
```

```
        LOS_TaskDelay(2000);
    }
}

static VOID * Example05_TaskLo(UINT32 uwArg) {
    UINT32 i;
    for (;;) {
        printf("%s\n", (const CHAR *)uwArg);
        for (i = 0; i < TASK_LOOP_COUNT; i++) {
            // 占用 CPU 耗时运行
        }
    }
}
```

两个入口函数 Example05_TaskHi 与 Example05_TaskLo 周期性地输出传入的参数。Example05_TaskHi 使用 LOS_TaskDelay 函数实现周期延迟，在等待期间释放 CPU 资源；Example05_TaskLo 使用 for 循环实现周期延迟，在等待期间占用 CPU 资源，因此可视为持续任务。

3. 期望效果演示

实验的期望效果可以在 LiteOS Studio 的串口终端中进行查看，如图 12-5 所示。可以发现，低优先级任务 TaskLo 在持续占用 CPU 资源、输出字符串的同时，高优先级任务 TaskHi 仍然能在需要执行的时候打断低优先级任务并抢占 CPU 资源执行。

图 12-5 高优先级任务打断实验的期望效果

12.2.4 优先级动态调整

任务的优先级是可以动态调整的。在 Huawei LiteOS 中，可以先使用 LOS_TaskPriGet 函数获取指定 ID 任务的优先级，再通过 LOS_TaskPriSet 函数设置指定 ID 任务的优先级。优先级调整会立即生效。

在本实验中，将测试优先级动态调整的功能。高优先级任务先执行，再将低优先级任务级别提升，低优先级任务开始工作，完成后主动将其优先级调低。

1. 主任务代码

```
UINT32 Example06_Entry(VOID) {
    UINT32 uwRet = LOS_OK;
    TSK_INIT_PARAM_S stInitParam = {0};

    printf("Example06_Entry\n");

    stInitParam.pfnTaskEntry = Example06_Task1;
    stInitParam.usTaskPrio = TASK_PRIO_HI;
    stInitParam.pcName = "Task1";
    stInitParam.uwStackSize = TASK_STK_SIZE;
    stInitParam.uwArg = (UINT32)pcTextForTask1;
    uwRet = LOS_TaskCreate(&s_uwTskHiID, &stInitParam);
    if (uwRet != LOS_OK) {
        printf("Example_Task1 create Failed!\r\n");
        return LOS_NOK;
    }

    stInitParam.pfnTaskEntry = Example06_Task2;
    stInitParam.usTaskPrio = TASK_PRIO_LO;
    stInitParam.pcName = "Task2";
    stInitParam.uwStackSize = TASK_STK_SIZE;
    stInitParam.uwArg = (UINT32)pcTextForTask2;
    uwRet = LOS_TaskCreate(&s_uwTskLoID, &stInitParam);
    if (uwRet != LOS_OK) {
        printf("Example_Task2 create Failed!\r\n");
        return LOS_NOK;
    }

    return uwRet;
}
```

主任务函数与 12.2.2 小节中的主任务函数相同，通过 LOS_TaskCreate 函数依次创建 Task1 和 Task2，分别使用 Example06_Task1 与 Example06_Task2 作为入口函数，并使用不同的 uwArg 输出不同的内容。Task2 拥有更低的优先级 TASK_PRIO_LO。

此外，要注意到 Task2 的 ID 为 s_uwTskLoID，通过这个 ID 即可在任意任务中获取和改变 Task2 的优先级。

2. 入口函数代码

```
static VOID * Example06_Task1(UINT32 uwArg) {
    volatile UINT32 i;
    for (;;) {
        printf("%s\n", (const CHAR *)uwArg);
        for (i = 0; i < TASK_LOOP_COUNT; i++) {
            // 占用 CPU 耗时运行
        }

        // 将低优先级任务 2 的级别提升
        printf("Raise Example_Task2 --->\r\n");
```

```
            LOS_TaskPriSet(s_uwTskLoID, TASK_PRIO_LO - 2);
        }
    }

    static VOID * Example06_Task2(UINT32 uwArg) {
        volatile UINT32 i;
        for (;;) {
            printf("%s\n", (const CHAR *)uwArg);
            for (i = 0; i < TASK_LOOP_COUNT; i++) {
                // 占用 CPU 耗时运行
            }

            UINT16 usTaskPriLo = LOS_TaskPriGet(s_uwTskLoID);

            // 任务 2 完成后，将其优先级降低
            printf("---> Lower Example_Task2\r\n");
            LOS_CurTaskPriSet(usTaskPriLo + 2);
        }
    }
```

两个入口函数 Example06_Task1 和 Example06_Task2 周期性输出传入的参数。两者都使用 for 循环进行延迟，即高优先级任务将会持续抢占 CPU 资源。Task1 在每一次输出后通过 LOS_TaskPriSet 函数及 Task2 的 s_uwTskLoID 提升 Task2 的优先级。Task2 在每一次输出后通过 LOS_TaskPriGet 函数及自己的任务 ID 获取当前自己的优先级，再通过 LOS_TaskPriSet 函数将优先级降低。

3. 期望效果演示

实验的期望效果可以在 LiteOS Studio 的串口终端中进行查看，如图 12-6 所示。起初拥有高优先级的 Task1 持续占用 CPU 资源，当 Task1 提高了 Task2 的优先级，使得 Task2 的优先级高于 Task1 时，Task2 便可抢占 Task1 的 CPU 资源并开始执行。当 Task2 完成一次输出并降低自己的优先级，使得 Task1 的优先级重新高于 Task2 时，Task1 便再次抢占 CPU 资源并继续执行。可以发现，LOS_TaskPriSet 对任务优先级的调整是即时生效的。

图 12-6 优先级动态调整实验的期望效果

12.3 任务中创建与删除

任务的创建并非一定在主任务中完成，也可以在业务逻辑中创建新的任务。自然，也可以在业务逻辑中删除任务。在 Huawei LiteOS 中，可通过 LOS_TaskDelete 函数主动终止并删除指定 ID 的任务。

在本实验中，将实践在任务中创建新的任务及在任务中删除指定任务的功能。

1. 主任务代码

```
UINT32 Example07_Entry(VOID) {
    UINT32 uwRet = LOS_OK;
    TSK_INIT_PARAM_S stInitParam = {0};

    puts("Example07_Entry\n");

    stInitParam.pfnTaskEntry = Example07_TaskLo;
    stInitParam.usTaskPrio = TASK_PRIO_LO;
    stInitParam.pcName = "TaskLo";
    stInitParam.uwStackSize = TASK_STK_SIZE;
    stInitParam.uwArg = (UINT32)pcTextForTaskLo;
    uwRet = LOS_TaskCreate(&s_uwTskLoID, &stInitParam);
    if (uwRet != LOS_OK) {
    printf("Example_TaskLo create Failed!\r\n");
        return LOS_NOK;
    }

    return uwRet;
}
```

主任务使用 LOS_TaskCreate 创建了低优先级任务 TaskLo，使用 Example07_TaskLo 作为入口函数。

2. 入口函数代码

```
static VOID * Example07_TaskLo(UINT32 uwArg) {
    UINT32 uwRet = LOS_OK;
    TSK_INIT_PARAM_S stInitParam = {0};

    UINT32 i;
    for (;;) {
        printf("%s\n", (const CHAR *)uwArg);
        for (i = 0; i < TASK_LOOP_COUNT; i++) {
        // 占用 CPU 耗时运行
        }

        // 创建高优先级任务
        stInitParam.pfnTaskEntry = Example07_TaskHi;
        stInitParam.usTaskPrio = TASK_PRIO_HI;
        stInitParam.pcName = "TaskHi";
        stInitParam.uwStackSize = TASK_STK_SIZE;
        stInitParam.uwArg = (UINT32)pcTextForTaskHi;
```

```
        uwRet = LOS_TaskCreate(&s_uwTskHiID, &stInitParam);
        if (uwRet != LOS_OK) {
            printf("Example_TaskHi create Failed!\r\n");
            return LOS_OK;
        }

        printf("TaskLo is finished.\r\n");
    }
}
```

入口函数 Example07_TaskLo 周期性输出传入的参数，并使用 for 循环在一定时间内持续占用 CPU 资源。在每一次输出后，使用 LOS_TaskCreate 函数创建高优先级任务 TaskHi，其入口函数为 Example07_TaskHi。

```
static VOID * Example07_TaskHi(UINT32 uwArg) {
    UINT32 i;
    for (;;) {
        printf("%s\n", (const CHAR *)uwArg);
        for (i = 0; i < TASK_LOOP_COUNT; i++) {
            // 占用 CPU 耗时运行
        }

        // 高优先级任务完成后，删除自己
        printf("TaskHi is running and about to delete itself.\r\n");
        LOS_TaskDelete(s_uwTskHiID);
    }
}
```

入口函数 Example07_TaskHi 输出传入的参数，并使用 for 循环在一定时间内持续占用 CPU 资源。执行完毕后，通过 LOS_TaskDelete 函数及自己的 ID 删除自己。

注意，Example07_TaskHi 需在 Example07_TaskLo 之前声明或定义，否则会报错。

3. 期望效果演示

实验的期望效果可以在 LiteOS Studio 的串口终端中进行查看，如图 12-7 所示。低优先级任务 TaskLo 在执行过程中创建了高优先级任务 TaskHi，使自己让出 CPU 资源并进入等待状态。高优先级任务 TaskHi 在执行完毕后删除了自己，让出了 CPU 资源，使得 TaskLo 重新拿到 CPU 资源并继续执行。

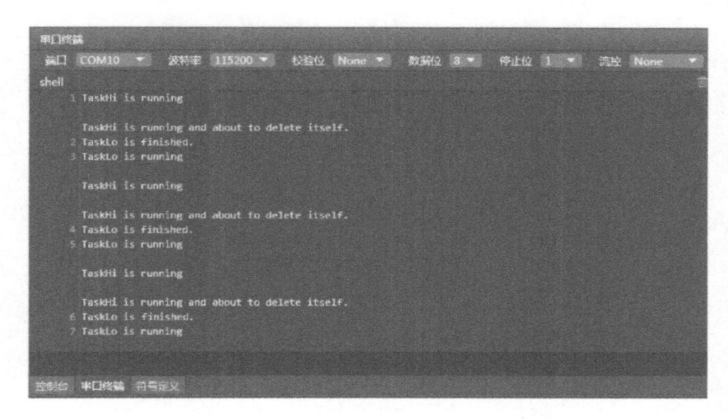

图 12-7 任务中创建与删除实验的期望效果

12.4 小结

任务是 Huawei LiteOS 中最核心的概念，也是最基础的工作单位。熟练掌握任务的相关知识是学习 LiteOS 的第一步，也是最重要的一步。

本章以小熊派开发板为例，介绍了与任务创建、任务参数设置、任务优先级抢占与延时、任务中创建与删除等相关的 LiteOS 基础内核实验，帮助读者通过实践来巩固与任务相关的内核知识。

第 13 章 LiteOS内核实验二

13

学习目标

① 掌握队列的使用
② 掌握定时器的使用
③ 掌握信号量与互斥锁的使用
④ 掌握内核功能的综合应用

本章介绍了 Huawei LiteOS 的几个进阶内核实验，帮助读者在实践中进一步了解和巩固 Huawei LiteOS 内核中的相关知识。本章所有实验均须在完成第 11 章实验环境配置的基础上进行。

本章实验分为 4 个部分。队列部分涉及队列的创建、使用及复杂数据类型传递等知识；定时器部分涉及软件定时器的应用；信号量部分涉及使用信号量实现任务同步及互斥；互斥锁部分涉及使用互斥锁实现多任务对唯一输出串口资源的抢占；最后一个实验整合了内核的大部分知识，实现综合应用。

13.1 队列

队列常用于任务间的通信，接收来自任务或中断的不固定长度消息。当队列为空时，读取任务将挂起直到新的消息进入队列，此时挂起任务将让出 CPU 资源给其他任务使用。在 Huawei LiteOS 中，可使用 LOS_QueueCreate 函数创建消息队列，使用 LOS_QueueWriteCopy 和 LOS_QueueReadCopy 函数对指定 ID 的消息队列进行读和写操作。

在接下来的实验中将实现通过消息队列完成任务之间简单数据类型及复杂数据类型的通信。

13.1.1 队列写入简单类型的数据

在本实验中，将创建一个最大容量为 5 的消息队列，由 3 个 Task 分别发送不同的数据，数据类型为 UINT32。队列中的消息由 1 个高优先级的 Task 接收并输出，实现多任务间的通信。

1. 参数设置

```
#define TASK_LOOP_COUNT      10000000
#define TASK_STK_SIZE        0
```

```
#define TASK_DEFAULT_PRIO    6
#define TASK_PRIO_SEND       5
#define TASK_PRIO_RECV       4
UINT32 s_uwTskSedID1;
UINT32 s_uwTskSedID2;
UINT32 s_uwTskSedID3;
UINT32 s_uwTskRcvID;
UINT32 s_uwQueue;
const UINT32 uwCmdWordForTask1 = 100;
const UINT32 uwCmdWordForTask2 = 200;
const UINT32 uwCmdWordForTask3 = 300;
const CHAR *pcTextForTaskRecv = "TaskRecv is running\n";
```

在 main.c 文件开头进行宏和全局变量的设置。这些预设值中的大多数会在后续实验中使用，具体含义如下。

（1）TASK_LOOP_COUNT：用于定义任务延时等待时间，该设置下等待时间大约为 1s。

（2）TASK_STK_SIZE：用于定义任务栈大小，定义为 0 时表示使用默认任务栈大小。

（3）TASK_DEFAULT_PRIO：用于定义默认任务优先级，值为 0～31。

（4）TASK_PRIO_SEND 和 TASK_PRIO_RECV：分别为发送和读取任务的优先级，在该实验中，须将 TASK_PRIO_SEND 设置得大于 TASK_PRIO_RECV，使读取任务的优先级更高。

（5）s_uwTskSedID1、s_uwTskSedID2、s_uwTskSedID3 和 s_uwTskRcvID：用于存放各个任务的 ID。

（6）s_uwQueue：用于存放消息队列的 ID。

（7）uwCmdWordForTask1、2、3：3 个发送任务发送的数据，分别为 100、200 和 300。

（8）pcTextForTaskRecv：读取任务的传参，也是读取任务输出的内容。

2. 主任务代码

```
UINT32 Example08_Entry(VOID) {
    UINT32 uwRet = LOS_OK;
    TSK_INIT_PARAM_S stInitParam = {0};

    puts("Example08_Entry\r\n");

    uwRet = LOS_QueueCreate(
                "queue",                // 队列名称
                5,                      // 队列大小
                &s_uwQueue,             // 队列 ID
                0,                      // 不使用
                sizeof(UINT32)          // 队列消息大小
                );
    if (uwRet != LOS_OK) {
        printf("create queue failure!,error:%x\n", uwRet);
        return LOS_NOK;
    }
```

```
    // 创建 3 个发送任务、1 个读取任务
    stInitParam.pfnTaskEntry = Example08_TaskSend;
    stInitParam.usTaskPrio = TASK_PRIO_SEND;
    stInitParam.pcName = "TaskSend1";
    stInitParam.uwStackSize = TASK_STK_SIZE;
    stInitParam.uwArg = uwCmdWordForTask1;
    uwRet = LOS_TaskCreate(&s_uwTskSedID1, &stInitParam);
    if (uwRet != LOS_OK) {
        printf("Example_TaskSend create Failed!\r\n");
        return LOS_NOK;
    }

    stInitParam.pcName = "TaskSend2";
    stInitParam.uwArg = uwCmdWordForTask2;
    uwRet = LOS_TaskCreate(&s_uwTskSedID2, &stInitParam);
    if (uwRet != LOS_OK) {
        printf("Example_TaskSend create Failed!\r\n");
        return LOS_NOK;
    }

    stInitParam.pcName = "TaskSend3";
    stInitParam.uwArg = uwCmdWordForTask3;
    uwRet = LOS_TaskCreate(&s_uwTskSedID3, &stInitParam);
    if (uwRet != LOS_OK) {
        printf("Example_TaskSend create Failed!\r\n");
        return LOS_NOK;
    }

    stInitParam.pfnTaskEntry = Example08_TaskRecv;
    stInitParam.usTaskPrio = TASK_PRIO_RECV;
    stInitParam.pcName = "TaskRecv";
    stInitParam.uwStackSize = TASK_STK_SIZE;
    stInitParam.uwArg = (UINT32)pcTextForTaskRecv;
    uwRet = LOS_TaskCreate(&s_uwTskRcvID, &stInitParam);
    if (uwRet != LOS_OK) {
        printf("Example_TaskRecv create Failed!\r\n");
        return LOS_NOK;
    }

    return uwRet;
}
```

首先，主任务通过 LOS_QueueCreate 函数创建一个队列，其中，队列名称为“queue”，队列大小为 5，队列消息大小为 UINT32，队列 ID 为 s_uwQueue。队列 ID 可以唯一确定一个队列，因此可将 s_uwQueue 预先定义为全局变量，方便后续代码使用。

其次，主任务通过 LOS_TaskCreate 函数创建 3 个发送任务和 1 个读取任务。发送任务使用 Example08_TaskSend 作为入口函数，通过传入不同参数区分不同任务，其优先级都为 TASK_PRIO_SEND。读取任务使用 Example08_TaskRecv 作为入口函数，其优先级为 TASK_PRIO_

RECV。

3. 入口函数代码

```
static VOID * Example08_TaskSend(UINT32 uwArg) {
    UINT32 uwRet = LOS_OK;
    UINT32 uwValueToSend = uwArg;

    for (;;) {
        uwRet = LOS_QueueWriteCopy(s_uwQueue, (VOID*)&uwValueToSend, sizeof
(UINT32), 0);
        if (LOS_OK != uwRet) {
            printf("send value failure,error:%x\r\n", uwRet);
        }

        LOS_TaskDelay(2000);
    }
}
```

发送任务的入口函数 Example08_TaskSend 周期性地将传入参数写入到消息队列中，使用 LOS_TaskDelay 函数在延时期间释放 CPU 资源。

```
static VOID * Example08_TaskRecv(UINT32 uwArg) {
    UINT32 uwRet = LOS_OK;
    UINT32 uwReadbuf = NULL;
    UINT32 uwBufferSize = sizeof(UINT32);

    UINT32 i;

    for (;;) {
        printf("%s\r\n", (const CHAR *)uwArg);
        uwRet = LOS_QueueReadCopy(s_uwQueue, (VOID*)&uwReadbuf, &uwBufferSize, LOS_
WAIT_FOREVER);
        if (LOS_OK != uwRet) {
            printf("recv value failure,error:%x\r\n", uwRet);
        } else {
            if (uwBufferSize == sizeof(UINT32)) {
                printf("recv command word:%d\r\n", uwReadbuf);
                for (i = 0; i < TASK_LOOP_COUNT; i++) {
                    // 占用 CPU 耗时运行
                }
            }
        }
    }
}
```

读取任务的入口函数 Example08_TaskRecv 周期性地从消息队列中读取消息并输出，使用 for 循环实现延时，在延时期间始终占用 CPU 资源。

4. 期望效果演示

实验的期望效果如图 13-1 所示。3 个发送任务分别发送 100、200、300，读取任务依次读取并输出。由于读取任务优先级高且在延时过程中始终占用 CPU 资源，因此只有当消息队列为空时，读取任务才会挂起，让出 CPU 资源并使发送任务得以执行。这种方式可以避免因发送任务发送过多数据至消息队列中而导致超出队列容量的情况发生。

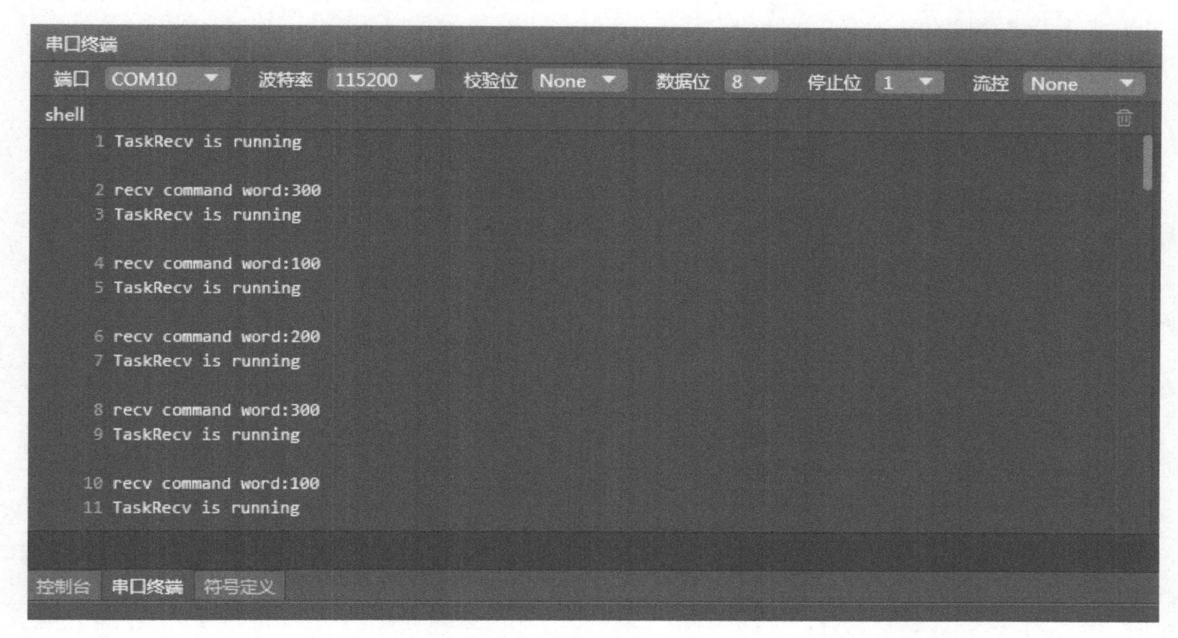

图 13-1　队列写入简单类型的数据实验的期望效果

13.1.2　队列写入复杂类型的数据

使用队列传递复杂数据类型的数据（结构体）时，可通过向队列中写入消息指针的方式进行消息传递，这种方式既能避免消息占用太多内存空间，又能提高消息传递效率。

在本实验中，将试图通过消息队列传递一个结构体 Data，其中包含 UINT8 和一个枚举类型 DataType。待发送的两种消息预先保存在全局数组 s_StructsToSend 中。

```
typedef enum {
    DT_SEND_1,
    DT_SEND_2,
    DT_BUTT
} DataType;

typedef struct {
    DataType enDataType;
    UINT8 ucValue;
} Data;

static const Data s_StructsToSend[DT_BUTT] =
{
    { DT_SEND_1, 100 },
    { DT_SEND_2, 200 }
};
```

在本实验中，使用 2 个发送任务分别向消息队列中写入不同的消息，使用 1 个读取任务读取消息队列中的消息并输出。

1. 主任务代码

```
UINT32 Example09_Entry(VOID) {
    UINT32 uwRet = LOS_OK;
    TSK_INIT_PARAM_S stInitParam = {0};

    puts("Example09_Entry\r\n");

    uwRet = LOS_QueueCreate(
               "queue",                // 队列名称
               5,                      // 队列大小
               &s_uwQueue,             // 队列 ID
               0,                      // 不使用
               sizeof(UINT32*)         // 队列消息大小
               );
    if (uwRet != LOS_OK) {
        printf("create queue failure!,error:%x\n", uwRet);
        return LOS_NOK;
    }

    // 创建 2 个发送任务、1 个读取任务
    stInitParam.pfnTaskEntry = Example09_TaskSend;
    stInitParam.usTaskPrio = TASK_PRIO_SEND;
    stInitParam.pcName = "TaskSend1";
    stInitParam.uwStackSize = TASK_STK_SIZE;
    stInitParam.uwArg = (UINT32)&s_StructsToSend[0];
    uwRet = LOS_TaskCreate(&s_uwTskSedID1, &stInitParam);
    if (uwRet != LOS_OK) {
        printf("Example_TaskSend create Failed!\r\n");
        return LOS_NOK;
    }

    stInitParam.pcName = "TaskSend2";
    stInitParam.uwArg = (UINT32)&s_StructsToSend[1];
    uwRet = LOS_TaskCreate(&s_uwTskSedID2, &stInitParam);
    if (uwRet != LOS_OK) {
        printf("Example_TaskSend create Failed!\r\n");
        return LOS_NOK;
    }

    stInitParam.pfnTaskEntry = Example09_TaskRecv;
    stInitParam.usTaskPrio = TASK_PRIO_RECV;
    stInitParam.pcName = "TaskRecv";
    stInitParam.uwStackSize = TASK_STK_SIZE;
    stInitParam.uwArg = (UINT32)pcTextForTaskRecv;
    uwRet = LOS_TaskCreate(&s_uwTskRcvID, &stInitParam);
    if (uwRet != LOS_OK) {
        printf("Example_TaskRecv create Failed!\r\n");
        return LOS_NOK;
    }

    return uwRet;
```

```
}
```

主任务函数与 13.1.1 小节中的主任务函数类似，先使用 LOS_QueueCreate 函数创建消息队列，再通过 LOS_TaskCreate 函数创建 2 个发送任务和 1 个读取任务。发送任务的入口函数都为 Example09_TaskSend，但传入的参数不同，优先级都为 TASK_PRIO_SEND；读取任务的入口函数为 Example09_TaskRecv，优先级为 TASK_PRIO_RECV，即读取任务有更高的优先级。

与之前不同的是，消息大小从 sizeof（UINT32）变为了 sizeof（UINT32*），这意味着队列中的消息不再是 UINT32 而是一个地址，发送任务传入的参数分别是两个待发送消息的地址。

2. 入口函数代码

```
static VOID * Example09_TaskSend(UINT32 uwArg) {
    UINT32 uwRet = LOS_OK;

    for (;;) {
        uwRet = LOS_QueueWrite(s_uwQueue, (VOID*)(uwArg), sizeof(UINT32*), 0);
        if (LOS_OK != uwRet) {
            printf("send value failure,error:%x\r\n", uwRet);
        }

        LOS_TaskDelay(2000);
    }
}
```

发送任务的入口函数 Example09_TaskSend 周期性地传入参数，即将待发送消息的地址写入消息队列，使用 LOS_TaskDelay 函数在延时期间释放 CPU 资源。

```
static VOID * Example09_TaskRecv(UINT32 uwArg) {
    UINT32 uwRet = LOS_OK;
    UINT32 uwReadbuf;
    UINT32 uwBufferSize = sizeof(UINT32*);

    UINT32 i;

    for (;;) {
        printf("%s\r\n", (const CHAR *)uwArg);
        uwRet = LOS_QueueRead(s_uwQueue, (VOID*)&uwReadbuf, uwBufferSize, LOS_WAIT_
FOREVER);
        if (LOS_OK != uwRet) {
            printf("recv value failure,error:%x\r\n", uwRet);
        } else {
            Data *p = (VOID*)uwReadbuf;
            if (DT_SEND_1 == p->enDataType) {
                printf("recv command word:%d\r\n", p->ucValue);
                for (i = 0; i < TASK_LOOP_COUNT; i++) {
                    // 占用 CPU 耗时运行
                }
            } else if (DT_SEND_2 == p->enDataType) {
                printf("recv command word:%d\r\n", p->ucValue);
                for (i = 0; i < TASK_LOOP_COUNT; i++) {
                    // 占用 CPU 耗时运行
                }
```

```
            } else {
                printf("something wrong!\r\n");
            }
        }
    }
}
```

读取任务的入口函数 Example09_TaskRecv 周期性地从消息队列中读取消息并输出。由于消息队列中传递的是消息的地址，因此读取后须先进行地址转换，再从该地址中读取相应的结构体数据。只有读取到正确的结构体数据，任务才会进入 for 循环，占用 CPU 的延时状态，否则输出错误信息。

3. **期望效果演示**

实验的期望效果如图 13-2 所示。2 个发送任务分别发送 s_StructsToSend 中的两个消息，读取任务依次读取并将其中的 ucValue 输出。没有输出错误信息意味着读取任务从消息队列中正确读取到了期望的数据结构体。

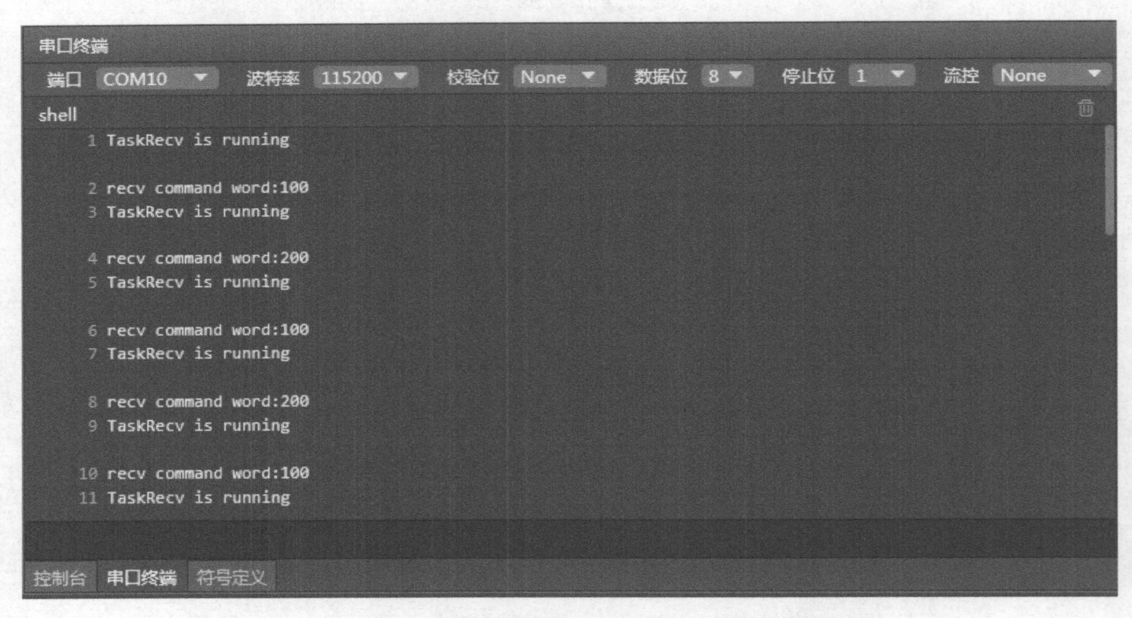

图 13-2 队列写入复杂类型的数据实验的期望效果

13.2 定时器

软件定时器是基于系统 Tick 时钟中断且由软件来模拟的定时器，经过设定的 Tick 时钟计数值后，会触发用户定义的回调函数，其定时精度与系统 Tick 时钟的周期有关。在 Huawei LiteOS 中，可使用 LOS_SwtmrCreate 函数设置并创建软件定时器，使用 LOS_SwtmrStart 函数使指定 ID 的定时器开始计时，使用 LOS_TickCountGet 函数获取指定 ID 定时器的剩余 Tick 数。

在接下来的实验中，将实现一次性软件定时器和周期性软件定时器的应用，并在综合实验中模拟一个基于软件定时器的自动关灯场景。

13.2.1　定时器基本应用

在本实验中，将创建两种类型的软件定时器：一种是一次性的，另一种是周期性的。一次性软件定时器在达到预设 Tick 数时仅调用一次回调函数，之后自动删除；而周期性软件定时器会以预设 Tick 数为周期，多次调用回调函数。下面来观察两种软件定时器的运作方式。

1．参数设置

```
#include "los_swtmr.h"
#define ONLYONCE_TIMER_VALUE        3000
#define PERIODIC_TIMER_VALUE        1000
UINT32 s_usSwTmrID1;
UINT32 s_usSwTmrID2;
const CHAR *pcTextForTimer1 = "Timer1 is callback\n";
const CHAR *pcTextForTimer2 = "Timer2 is callback\n";
```

使用定时器需添加头文件 los_swtmr.h。预先设置两种定时器的定时：一次性软件定时器的定时为 3000 个 Tick，周期性软件定时器的定时为 1000 个 Tick。其他参数设置如下。

（1）s_usSwTmrID1 和 s_usSwTmrID2：用于存放两个定时器的 ID。

（2）pcTextForTimer1 和 pcTextForTimer2：两个定时器回调函数的传参，回调函数将分别输出对应参数。

2．主任务代码

```
UINT32 Example10_Entry(VOID) {
    UINT32 uwRet = LOS_OK;

    printf("Example10_Entry\r\n");

    uwRet = LOS_SwtmrCreate(
                ONLYONCE_TIMER_VALUE,
                LOS_SWTMR_MODE_ONCE,
                Timer1_Callback,
                &s_usSwTmrID1,
                (UINT32)pcTextForTimer1
#if (LOSCFG_BASE_CORE_SWTMR_ALIGN == YES)
                , OS_SWTMR_ROUSES_ALLOW,
                OS_SWTMR_ALIGN_SENSITIVE
#endif
                );
   if(LOS_OK != uwRet)
   {
      printf("create Timer1 failed.\r\n");
      return LOS_NOK;
   }

   uwRet = LOS_SwtmrCreate(
                PERIODIC_TIMER_VALUE,
                LOS_SWTMR_MODE_PERIOD,
                Timer2_Callback,
                &s_usSwTmrID2,
                (UINT32)pcTextForTimer2
#if (LOSCFG_BASE_CORE_SWTMR_ALIGN == YES)
```

```
                , OS_SWTMR_ROUSES_ALLOW,
                OS_SWTMR_ALIGN_SENSITIVE
#endif
                );
    if(LOS_OK != uwRet)
    {
        printf("create Timer1 failed.\r\n");
        return LOS_NOK;
    }

    uwRet = LOS_SwtmrStart(s_usSwTmrID1);
    if(LOS_OK != uwRet)
    {
        printf("Start Timer1 failed.\r\n");
        return LOS_NOK;
    }

    uwRet = LOS_SwtmrStart(s_usSwTmrID2);
    if(LOS_OK != uwRet)
    {
        printf("Start Timer2 failed.\r\n");
        return LOS_NOK;
    }

    return uwRet;
}
```

主任务通过 LOS_SwtmrCreate 函数分别创建了一个一次性软件定时器和一个周期性软件定时器。一次性软件定时器通过 LOS_SWTMR_MODE_ONCE 入参定义，其 ID 为 s_usSwTmrID1，定时 Tick 数为 ONLYONCE_TIMER_VALUE，回调函数为 Timer1_Callback；周期性软件定时器通过 LOS_SWTMR_MODE_PERIOD 入参定义，其 ID 为 s_usSwTmrID2，定时 Tick 数为 PERIODIC_TIMER_VALUE，回调函数为 Timer2_Callback。

此后，主任务通过 LOS_SwtmrStart 函数及两个定时器的 ID 依次启动定时器。

3. 定时器回调函数

```
static void Timer1_Callback(UINT32 uwArg)
{
    UINT32 tick_last;
    printf("%s\r\n", (const CHAR *)uwArg);

    tick_last = (UINT32)LOS_TickCountGet();
    printf("tick_last1=%lu.\r\n",tick_last);
}

static void Timer2_Callback(UINT32 uwArg)
{
    UINT32 tick_last;
    static UINT32 count;
    printf("%s\r\n", (const CHAR *)uwArg);

    tick_last = (UINT32)LOS_TickCountGet();
```

```
    printf("tick_last2=%lu.\r\n",tick_last);

    printf("%d\r\n", count++);
}
```

一次性软件定时器的回调函数为 Timer1_Callback，在回调时通过 LOS_TickCountGet 函数获取定时器的 Tick 数并输出。周期性软件定时器的回调函数为 Timer2_Callback，在每次回调时通过 LOS_TickCountGet 函数获取定时器的 Tick 数并输出，同时，通过静态变量记录并输出该函数被回调的次数。

4. 期望效果演示

实验的期望效果如图 13-3 所示。周期性定时器 Timer2 每 1000 个 Tick 就会输出一次当前 Tick 数和回调次数，而在第 3000 个 Tick 时，一次性定时器 Timer1 执行了回调函数并输出了其 Tick 数，这也导致 Timer2 执行回调函数比预期晚了 4 个 Tick。

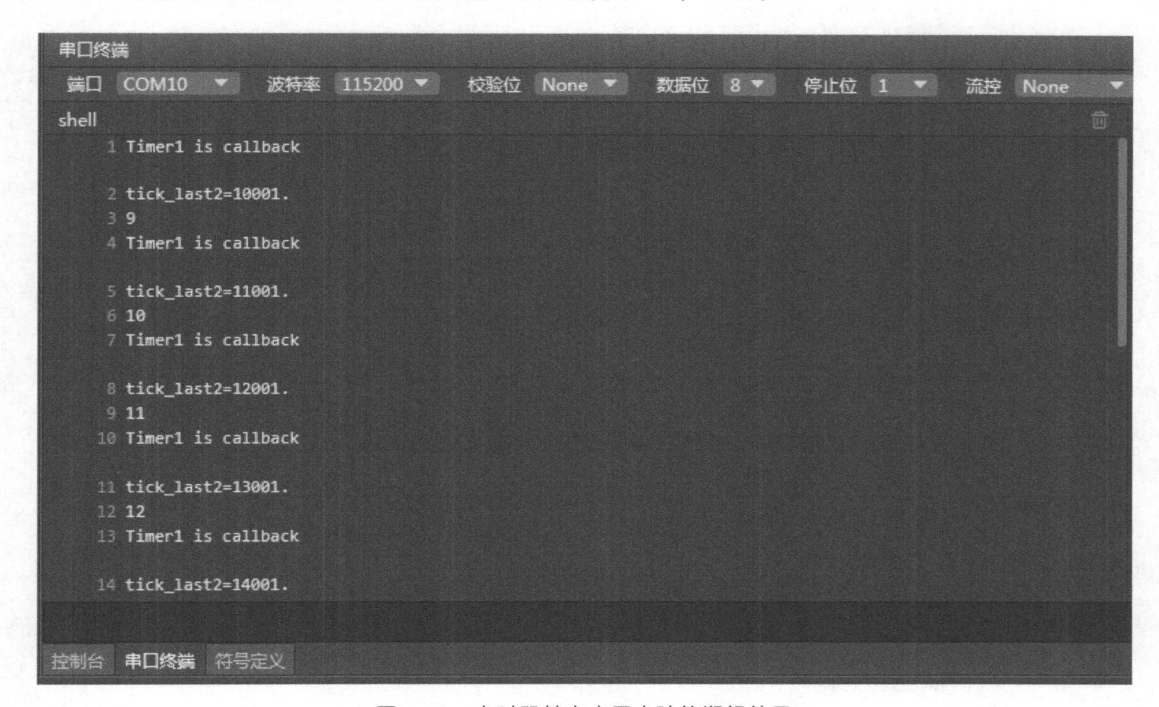

图 13-3　定时器基本应用实验的期望效果

13.2.2　定时器综合应用

在本实验中，将模拟软件定时器的一个真实应用场景：自动关灯，即通过 KeyHitTask 任务检查背景灯（s_SimulatedBacklightOn）是否打开了，如果背景灯打开了，则 KeyHitTask 会启动一个定时器，在 5s 后自动关闭背景灯。

1. 参数设置

```
#define BACKLIGHT_TIMER_PERIOD        5000
BOOL s_SimulatedBacklightOn;
UINT32 s_uwKeyHitTskID;
UINT32 s_usBacklightSwTmrID;
```

定时器周期为 5000 个 Tick，布尔值 s_SimulatedBacklightOn 用于模拟背景灯的开关。其他参数设置的具体含义如下。

（1）s_uwKeyHitTskID：用于存放任务 ID。

（2）s_usBacklightSwTmrID：用于存放定时器 ID。

2. 主任务代码

```
UINT32 Example11_Entry(VOID) {
    UINT32 uwRet = LOS_OK;
    TSK_INIT_PARAM_S stInitParam = {0};
    printf("Example11_Entry\r\n");

    stInitParam.pfnTaskEntry = KeyHit_Task;
    stInitParam.usTaskPrio = TASK_DEFAULT_PRIO;
    stInitParam.pcName = "KeyHit";
    stInitParam.uwStackSize = TASK_STK_SIZE;
    uwRet = LOS_TaskCreate(&s_uwKeyHitTskID, &stInitParam);
    if (uwRet != LOS_OK) {
        printf("KeyHit_Task create Failed!\r\n");
        return LOS_NOK;
    }

    uwRet = LOS_SwtmrCreate(
               BACKLIGHT_TIMER_PERIOD,
               LOS_SWTMR_MODE_NO_SELFDELETE,
               BacklightTimer_Callback,
               &s_usBacklightSwTmrID,
               NULL
#if (LOSCFG_BASE_CORE_SWTMR_ALIGN == YES)
               , OS_SWTMR_ROUSES_ALLOW,
               OS_SWTMR_ALIGN_SENSITIVE
#endif
               );

    if(LOS_OK != uwRet)
    {
       printf("create Timer1 failed.\r\n");
       return LOS_NOK;
    }

    return uwRet;
}
```

主任务通过 LOS_TaskCreate 函数创建 KeyHitTask 任务，其入口函数为 KeyHit_Task。随后通过 LOS_SwtmrCreate 函数创建一个软件定时器，定时为 BACKLIGHT_TIMER_PERIOD，回调函数为 BacklightTimer_Callback。通过入参 LOS_SWTMR_MODE_NO_SELFDELETE 将其设置为可复用的软件定时器，即执行完回调函数后定时器不会自动删除，而是等待下一次启动或手动删除。

3. 入口函数代码

```
static VOID * KeyHit_Task(UINT32 uwArg) {
```

```
    UINT32 uwRet = LOS_OK;
    for (;;) {
        printf("Press a key to turn the backlight on.\r\n");

        // 如果背景灯关闭，则模拟打开背景灯
        if (FALSE == s_SimulatedBacklightOn) {
            s_SimulatedBacklightOn = TRUE;
        }

        // 启动软件定时器，5s 后触发关闭
        uwRet = LOS_SwtmrStart(s_usBacklightSwTmrID);
        if(LOS_OK != uwRet)
        {
            printf("Start Timer1 failed.\r\n");
            break;
        }

        LOS_TaskDelay(10000);
    }
    return LOS_OK;
}
```

入口函数 KeyHit_Task 周期性地检查并打开模拟背景灯，同时启动软件定时器。使用 LOS_TaskDelay 实现不占用 CPU 资源的延时，循环周期为 10 000 个 Tick。

4. 定时器回调函数

```
static void BacklightTimer_Callback(UINT32 uwArg) {
    UINT32 tick_last = (UINT32)LOS_TickCountGet();

    s_SimulatedBacklightOn = FALSE;

    printf("Timer expired, turning backlight OFF at time(%d).\r\n",tick_last);
}
```

回调函数 BacklightTimer_Callback 会关闭背景灯并输出对应的时间（单位为 Tick）。

5. 期望效果演示

实验的期望效果如图 13-4 所示。KeyHitTask 周期性开灯，并在定时器回调时关闭。

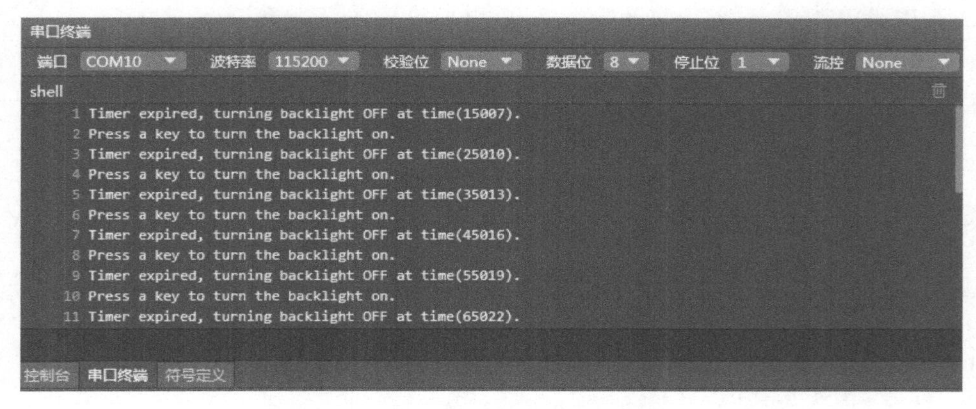

图 13-4 定时器综合应用实验的期望效果

13.3 信号量

信号量（Semaphore）是一种实现任务间通信的机制，用于实现任务之间的同步或临界资源的互斥访问，常用来协助一组相互竞争的任务访问临界资源。在 Huawei LiteOS 中，可使用 LOS_SemCreate 函数和 LOS_SemDelete 函数进行信号量的创建与删除，使用 LOS_SemPend 函数申请指定 ID 的信号量，使用 LOS_SemPost 释放指定 ID 的信号量。

在接下来的实验中，将实现基于信号量的任务同步与互斥功能。

13.3.1 信号量同步功能

在 Huawei LiteOS 中，可以使用 LOS_BinarySemCreate 函数创建一个二元信号量。

在本实验中，一个高优先级的任务会不断地被二元信号量阻塞，而一个低优先级的任务会周期性地模拟一个中断信号，其中断回调函数会释放该二元信号量，进行“喂食”，从而使被阻塞的高优先级任务继续执行。

1. 参数设置

```
#define TASK_PRIO_PROD 5
#define TASK_PRIO_HAND 4
UINT32 s_uwProdTskID;
UINT32 s_uwHandleTskID;
UINT32 s_uwSemID;
```

在之前实验参数的基础上，额外定义以下参数。

（1）TASK_PRIO_PROD 与 TASK_PRIO_HAND：喂食任务与处理任务的优先级，TASK_PRIO_HAND 的优先级更高。

（2）s_uwProdTskID 与 s_uwHandleTskID：用于存放喂食任务与处理任务的 ID。

（3）s_uwSemID：用于存放信号量 ID。

2. 主任务代码

```
UINT32 Example12_Entry(VOID) {
    UINT32 uwRet = LOS_OK;
    TSK_INIT_PARAM_S stInitParam = {0};

    puts("Example12_Entry\r\n");

    uwRet = LOS_BinarySemCreate(0, &s_uwSemID);
    if (uwRet != LOS_OK) {
        printf("LOS_SemCreate Failed:%x!\r\n", uwRet);
        return LOS_NOK;
    }

    stInitParam.pfnTaskEntry = Prod_Task;
    stInitParam.usTaskPrio = TASK_PRIO_PROD;
    stInitParam.pcName = "Task1";
    stInitParam.uwStackSize = TASK_STK_SIZE;
    uwRet = LOS_TaskCreate(&s_uwProdTskID, &stInitParam);
    if (uwRet != LOS_OK) {
```

```
        printf("Example_TaskSend create Failed!\r\n");
        return LOS_NOK;
    }

    stInitParam.pfnTaskEntry = Handle_Task;
    stInitParam.usTaskPrio = TASK_PRIO_HAND;
    stInitParam.pcName = "Task2";
    stInitParam.uwStackSize = TASK_STK_SIZE;
    uwRet = LOS_TaskCreate(&s_uwHandleTskID, &stInitParam);
    if (uwRet != LOS_OK) {
        printf("Example_TaskRecv create Failed!\r\n");
        return LOS_NOK;
    }

    return uwRet;
}
```

主任务先通过 LOS_BinarySemCreate 函数创建一个二元信号量，再通过 LOS_TaskCreate 函数创建一个低优先级喂食任务 Task1 和高优先级处理任务 Task2。Task1 的入口函数为 Prod_Task，Task2 的入口函数为 Handle_Task。任务优先级、信号量及任务 ID 需提前设置。

3. 入口函数代码

```
static VOID * Prod_Task(UINT32 uwArg) {
    UINT32 uwRet = LOS_OK;
    UINT32 i;
    for (;;) {
        for (i = 0; i < TASK_LOOP_COUNT; i++) {
            // 占用CPU耗时运行
        }
        printf("Something happened.\r\n");
        uwRet = LOS_SemPost(s_uwSemID);
        if (LOS_OK != uwRet) {
            printf("LOS_SemPost failure,error:%x\r\n", uwRet);
        }

        LOS_TaskDelay(1000);
    }
}
```

喂食任务的入口函数 Prod_Task 在通过 for 循环进行延时后，使用 LOS_SemPost 函数释放二元信号量，使被该二元信号量阻塞的任务（即处理任务）得以继续执行，随后通过 LOS_TaskDelay 函数让出 CPU 资源。

```
static VOID * Handle_Task(UINT32 uwArg) {
    UINT32 uwRet = LOS_OK;
    static UINT32 count;

    for (;;) {
        printf("Handle_Task should be Pending.\r\n");
        uwRet = LOS_SemPend(s_uwSemID, LOS_WAIT_FOREVER);
        if (LOS_OK == uwRet) {
            printf("I am working on it(%d)...\r\n", count++);
        }
```

```
    }
}
```

处理任务的入口函数Handle_Task会不断地使用LOS_SemPend函数申请二元信号量并阻塞在这个语句中。通过入参 LOS_WAIT_FOREVER 控制阻塞时间为永久，即该任务将一直阻塞，直到二元信号量被释放。当信号量被释放时，该任务成功申请到二元信号量，得以继续执行业务逻辑。注意，在每一次循环末尾，该任务并没有释放二元信号量，因此，在下一个循环中申请二元信号量时，任务仍然会被阻塞。

4. 期望效果演示

实验的期望效果如图 13-5 所示。高优先级处理任务优先执行，在输出“Handle_Task should be Pending.”后会因为申请二元信号量而被阻塞。此时，低优先级喂食任务得到 CPU 资源，得以执行，在输出“Something happened.”后释放了二元信号量，这使处理任务成功申请到二元信号量，退出阻塞状态并继续执行，输出“I am working on it”。此后，处理任务因为重新申请二元信号量而被阻塞，直到喂食任务再次释放二元信号量为止。

图 13-5 信号量同步功能实验的期望效果

13.3.2 信号量互斥功能

在本实验中，将有 10 个任务并发处理 3 个资源，通过多值信号量控制任务对有限资源的抢占。当任务通过多值信号量申请到资源并进行处理时，未申请到资源的其他任务只能进入阻塞状态，等待任务处理完成并释放资源后才能继续处理。

1. 参数设置

```
#define NUM_OF_TASKS 10
#define RES_COUNT 3
typedef struct {
    UINT32 handleID;
    BOOL isUsed;
} ResHandler;
```

```
static ResHandler s_stResHandler[RES_COUNT] = {
            { 100, FALSE },
            { 200, FALSE },
            { 300, FALSE }
        };
```

在之前实验参数的基础上，额外定义以下两个参数：NUM_OF_TASKS，表示待并发处理的任务数量；RES_COUNT，表示资源总数。通过 ResHandler 结构体模拟 3 个不同的资源，并假设任务的业务逻辑需要其中一个资源才能执行。

2. 主任务代码

```
UINT32 Example13_Entry(VOID) {
    UINT32 uwRet = LOS_OK;
    UINT32 i = NULL;
    TSK_INIT_PARAM_S stInitParam = {0};

    puts("Example13_Entry\r\n");

    uwRet = LOS_SemCreate(RES_COUNT, &s_uwSemID);
    if (uwRet != LOS_OK) {
        printf("LOS_SemCreate Failed:%x!\r\n", uwRet);
        return LOS_NOK;
    }

    for (i = 0; i < NUM_OF_TASKS; i++) {
        stInitParam.pfnTaskEntry = Handle_Task;
        stInitParam.usTaskPrio = TASK_DEFAULT_PRIO;
        stInitParam.pcName = "Tasks";
        stInitParam.uwStackSize = TASK_STK_SIZE;
        stInitParam.uwArg = i;
        uwRet = LOS_TaskCreate(&s_uwHandleTskID, &stInitParam);
        if (uwRet != LOS_OK) {
            printf("Handle_Task create Failed!\r\n");
            return LOS_NOK;
        }
    }
    return uwRet;
}
```

主任务先通过 LOS_SemCreate 函数创建一个多值信号量，预设值与资源总数相同，再通过 LOS_TaskCreate 函数创建 10 个同优先级的任务，入口函数都为 Handle_Task，通过传入参数 i 区分任务编号。

3. 入口函数代码

```
static VOID * Handle_Task(UINT32 uwArg) {
    UINT32 uwRet = LOS_OK;
    UINT32 i = NULL;

    printf("Handle_Task(%d) should be Pending.\r\n", uwArg);
    uwRet = LOS_SemPend(s_uwSemID, LOS_WAIT_FOREVER);
    if (LOS_OK == uwRet) {
```

```
        for (i = 0; i < RES_COUNT; i++) {
            if (s_stResHandler[i].isUsed == FALSE) {
                s_stResHandler[i].isUsed = TRUE;
                break;
            }
        }
        printf("I am working on it(%d)\r\n", s_stResHandler[i].handleID);
        LOS_TaskDelay(1000);

        // 1s 后处理完成，释放信号量
        s_stResHandler[i].isUsed = FALSE;
        LOS_SemPost(s_uwSemID);
    }

    printf("Handle_Task(%d) should be finished.\r\n", uwArg);
    return LOS_OK;
}
```

任务入口函数 Handle_Task 先通过 LOS_SemPend 函数申请信号量，在申请到信号量后，检查并获取空闲资源的编号，占用该资源，并模拟基于该资源的业务逻辑，再在 1s 后假设业务逻辑完成，将使用的资源置为空闲，通过 LOS_SemPost 函数释放信号量并退出函数。

4. 期望效果演示

实验的期望效果如图 13-6 所示。起初，除了前 3 个任务外，其余的 7 个任务都进入阻塞状态，直到 0 号任务在 100 号资源上完成业务逻辑并释放信号量，3 号任务才申请到信号量并在 100 号资源上执行业务逻辑。1 号任务在 200 号资源上完成业务逻辑后，200 号资源交给了 4 号任务继续处理。可以发现，当有多个任务对优先资源进行抢占时，使用信号量有效避免了单个资源被数个任务使用的情况发生，实现了任务间的互斥功能。

图 13-6　信号量互斥功能实验的期望效果

13.4　互斥锁

互斥锁又称互斥型信号量，是一种特殊的二值信号量，用于实现对共享资源的独占式处理。在 Huawei LiteOS 中，可以使用 LOS_MuxCreate 函数和 LOS_MuxDelete 函数进行互斥锁的创建和删除，使用 LOS_MuxPend 函数和 LOS_MuxPost 函数实现互斥锁的申请和释放。

在本实验中，由于输出串口资源唯一，因此将通过互斥锁对输出资源进行加锁，并在输出完成后进行解锁，实现多个任务对唯一输出串口资源的抢占。

1. 参数设置

```
UINT32 s_uwTskID1;
UINT32 s_uwTskID2;
const CHAR *pcTextForTask1 = "Task 1 is running...\n";
const CHAR *pcTextForTask2 = "Task 2 is running...\n";
UINT32 s_uwPrintMuxID;
```

在之前实验参数的基础上，额外定义以下参数。

（1）s_uwTskID1 和 s_uwTskID2：用于存放两个任务的 ID。

（2）pcTextForTask1 和 pcTextForTask2：两个任务的传参，将被两个任务分别输出。

（3）s_uwPrintMuxID：用于存放互斥锁的 ID。

2. 主任务代码

```
UINT32 Example14_Entry(VOID) {
    UINT32 uwRet = LOS_OK;
    TSK_INIT_PARAM_S stInitParam = {0};

    printf("Example14_Entry\r\n");

    stInitParam.pfnTaskEntry = Print_Task;
    stInitParam.usTaskPrio = TASK_DEFAULT_PRIO;
    stInitParam.pcName = "Task1";
    stInitParam.uwStackSize = TASK_STK_SIZE;
    stInitParam.uwArg = (UINT32)pcTextForTask1;
    uwRet = LOS_TaskCreate(&s_uwTskID1, &stInitParam);
    if (uwRet != LOS_OK) {
        printf("Print_Task1 create Failed!\r\n");
        return LOS_NOK;
    }

    stInitParam.pfnTaskEntry = Print_Task;
    stInitParam.usTaskPrio = TASK_DEFAULT_PRIO;
    stInitParam.pcName = "Task2";
    stInitParam.uwStackSize = TASK_STK_SIZE;
    stInitParam.uwArg = (UINT32)pcTextForTask2;
    uwRet = LOS_TaskCreate(&s_uwTskID2, &stInitParam);
    if (uwRet != LOS_OK) {
        printf("Print_Task2 create Failed!\r\n");
        return LOS_NOK;
    }
```

```
    return uwRet;
}
```

主任务创建了两个相同优先级的输出任务，入口函数都为 Print_Task，两个任务通过传入参数区分不同的输出内容。

3. 入口函数代码

```
static VOID * Print_Task(UINT32 uwArg) {
    for (;;) {

        LOS_MuxPend(s_uwPrintMuxID, LOS_WAIT_FOREVER);
        puts((const CHAR *)uwArg);
        LOS_MuxPost(s_uwPrintMuxID);

        LOS_TaskDelay(rand() % 500);
    }
}
```

入口函数 Print_Task 周期性地输出，并通过 LOS_TaskDelay 函数和 rand 函数进行随机延时。由于随机延时的存在，为了避免在输出时产生冲突，在输出前应使用 LOS_MuxPend 函数进行加锁，并在输出结束后使用 LOS_MuxPost 函数释放互斥锁。

4. 期望效果演示

实验的期望效果如图 13-7 所示。Task1 和 Task2 随机地通过输出串口进行输出，没有固定的顺序，当两者需要同时输出时，互斥锁可以让其中之一等待另一个输出完成后再使用输出串口，以避免冲突。

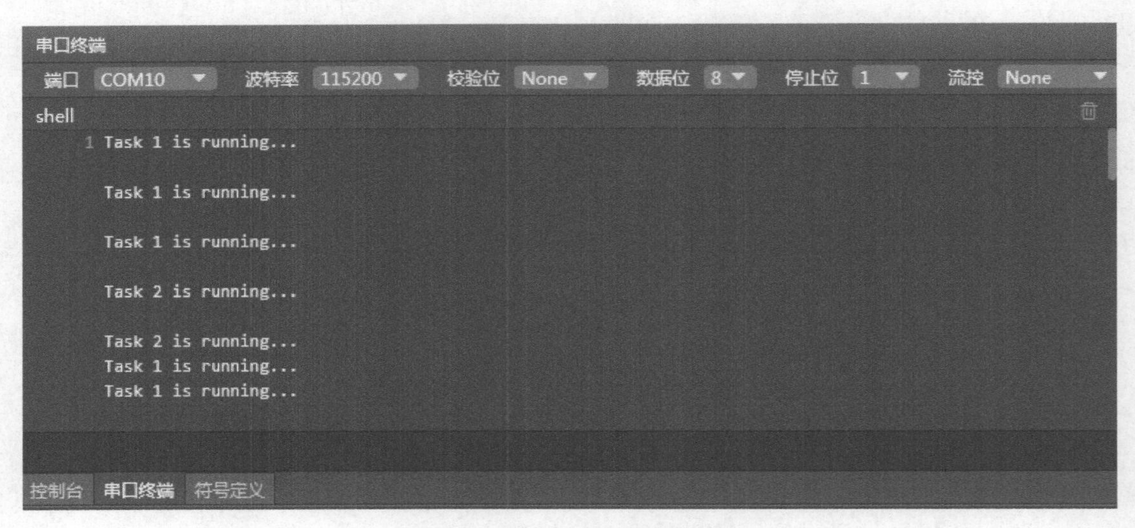

图 13-7 互斥锁实验的期望效果

13.5 综合实验

接下来，将综合内核中的任务、队列、定时器等功能完成一个综合实验，对内核的知识进行巩固。在本实验中，将有一个输出任务和两个发送任务，通过消息队列进行通信，两个发送任务向队列写入数据，输出任务则从队列中读取数据并输出。此外，还有一个周期性定时器，在定时器回调时向队列头部写入中断数据。

1. 参数设置

```
UINT32 s_uwQueueID;
UINT32 s_usSwTmrID;
UINT32 s_uwTskLoID;
UINT32 s_uwTskHiID;
const CHAR *s_pStringsToPrint[3] =
{
    "Task 1 *****************************************\r\n",
    "Task 2 -----------------------------------------\r\n",
    "Message printed from the timeout interrupt #####\r\n"
};
```

在之前实验参数的基础上，额外定义以下参数。

（1）s_uwQueueID：用于存放消息队列 ID。

（2）s_usSwTmrID：用于存放计时器 ID。

（3）s_uwTskLoID 和 s_uwTskHiID：用于存放任务 ID。

（4）s_pStringsToPrint：待发送消息数组，提前将其设置为全局变量，以使任务可通过地址找到待发送内容。

2. 主任务代码

```
UINT32 Example15_Entry(VOID) {
    UINT32 uwRet = LOS_OK;
    TSK_INIT_PARAM_S stInitParam = {0};

    puts("Example13_Entry\r\n");

    uwRet = LOS_QueueCreate(
            "queue",                // 队列名称
            3,                      // 队列大小
            &s_uwQueueID,           // 队列 ID
            0,                      // 不使用
            sizeof(UINT32)          // 队列消息大小
          );
    if (uwRet != LOS_OK) {
        printf("create queue failure!,error:%x\n", uwRet);
        return LOS_NOK;
    }

    uwRet = LOS_SwtmrCreate(
            PERIODIC_TIMER_VALUE,
            LOS_SWTMR_MODE_PERIOD,
            Timer_Callback,
            &s_usSwTmrID,
            (UINT32)s_pStringsToPrint[2]
#if (LOSCFG_BASE_CORE_SWTMR_ALIGN == YES)
```

```
                , OS_SWTMR_ROUSES_ALLOW,
                OS_SWTMR_ALIGN_SENSITIVE
#endif
              );
    if(LOS_OK != uwRet)
    {
        printf("create Timer failed.\r\n");
        return LOS_NOK;
    }

    stInitParam.pfnTaskEntry = Example15_TaskSend;
    stInitParam.usTaskPrio = TASK_PRIO_SEND;
    stInitParam.pcName = "TaskSend1";
    stInitParam.uwStackSize = TASK_STK_SIZE;
    stInitParam.uwArg = (UINT32)s_pStringsToPrint[0];
    uwRet = LOS_TaskCreate(&s_uwTskLoID, &stInitParam);
    if (uwRet != LOS_OK) {
        printf("Example_TaskSend create Failed!\r\n");
        return LOS_NOK;
    }

    stInitParam.pcName = "TaskSend2";
    stInitParam.uwArg = (UINT32)s_pStringsToPrint[1];
    uwRet = LOS_TaskCreate(&s_uwTskLoID, &stInitParam);
    if (uwRet != LOS_OK) {
        printf("Example_TaskSend create Failed!\r\n");
        return LOS_NOK;
    }

    stInitParam.pfnTaskEntry = Example15_TaskRecv;
    stInitParam.usTaskPrio = TASK_PRIO_RECV;
    stInitParam.pcName = "TaskRecv";
    stInitParam.uwStackSize = TASK_STK_SIZE;
    uwRet = LOS_TaskCreate(&s_uwTskHiID, &stInitParam);
    if (uwRet != LOS_OK) {
        printf("Example_TaskRecv create Failed!\r\n");
        return LOS_NOK;
    }

    uwRet = LOS_SwtmrStart(s_usSwTmrID);
    if(LOS_OK != uwRet)
    {
        printf("Start Timer failed.\r\n");
        return LOS_NOK;
    }

    return uwRet;
}
```

主任务中创建了 1 个消息队列、1 个周期性定时器和 3 个任务。其中，消息队列内的消息类型为 UINT32，即队列中传递的是待输出内容的地址；两个发送任务（即中断回调函数）都以发送内容的地址作为入参；任务的优先级对结果没有太大影响。

3. 入口函数

```
static VOID * Example15_TaskRecv(UINT32 uwArg) {
    UINT32 uwRet = LOS_OK;
    UINT32 uwReadbuf = NULL;
    UINT32 uwBufferSize = sizeof(UINT32*);

    for (;;) {
        uwRet = LOS_QueueRead(s_uwQueueID, (VOID*)&uwReadbuf, uwBufferSize, LOS_
WAIT_FOREVER);
        if (LOS_OK != uwRet) {
            printf("recv value failure,error:%x\r\n", uwRet);
        } else {
            if (uwBufferSize == sizeof(UINT32)) {
                puts((const CHAR*)uwReadbuf);
            }
        }
    }
}

static VOID * Example15_TaskSend(UINT32 uwArg) {
    UINT32 uwRet = LOS_OK;

    for (;;) {
        uwRet = LOS_QueueWrite(s_uwQueueID, (VOID*)uwArg, sizeof(UINT32*), 0);
        if (LOS_OK != uwRet) {
            printf("send value failure,error:%x\r\n", uwRet);
        }

        LOS_TaskDelay(2000);
    }
}
```

输出任务入口函数 Example15_TaskRecv 不断地从队列中读取消息,并在读取到消息后根据消息内容，即输出内容的地址，获取并输出对应内容。

发送任务入口函数 Example15_TaskSend 周期性地向队列中写入数据，并在等待期间释放 CPU 资源。

4. 定时器回调函数代码

```
static void Timer_Callback(UINT32 uwArg)
{
    UINT32 uwRet = LOS_OK;

    uwRet = LOS_QueueWriteHead(s_uwQueueID, (VOID*)uwArg, sizeof(UINT32*), 0);
    if (LOS_OK != uwRet) {
        printf("send value failure,error:%x\r\n", uwRet);
    }

}
```

定时器回调触发时，通过 LOS_QueueWriteHead 函数向队列头部写入中断数据，优先被输出任务读取并输出。

5. 期望效果演示

实验的期望效果如图 13-8 所示。Task1 和 Task2 轮流向消息队列中发送消息，输出任务读取消息队列并进行输出。当定时器触发回调函数时，对应的中断消息会写入队列头部从而优先被输出任务读取并输出。

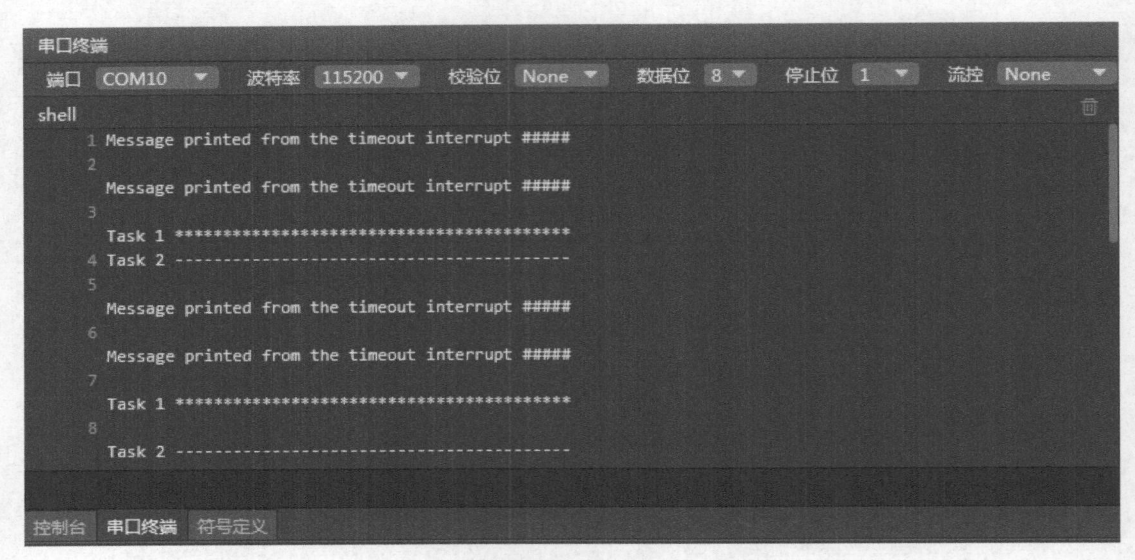

图 13-8 综合实验的期望效果

13.6 小结

本章以小熊派开发板为例，介绍了与队列、定时器、信号量、互斥锁等相关的 Huawei LiteOS 基础内核实验，以帮助读者通过实践来掌握并巩固内核知识；同时，本章还通过一个综合内核实验帮助读者对 LiteOS 内核的各项知识进行了更全面的认知。

第 14 章 LiteOS实战实验

14

学习目标

① 完成实战项目——智慧路灯实战演练
② 了解 IoT 平台的 Profile 配置
③ 了解开发板侧的工程代码
④ 了解并实践 OTA 在线升级

本章将进行 LiteOS 的实战演练，综合运用所学知识，利用搭载 LiteOS 操作系统的开发板及 IoT 平台模拟实现智慧路灯。本实验将通过 IoT 平台对路灯进行远程控制，体验智慧路灯的场景，需在完成第 11 章实验环境配置的基础上进行实验，并使用小熊派开发板作为实验开发板。

本章分为三部分：首先，进行公有云 IoT 平台的 Profile 配置；其次，了解并更改开发板侧的 Huawei LiteOS 工程代码；最后，学习实践 Huawei LiteOS 的 SOTA 功能。

14.1 IoT 平台配置

本节将介绍公有云 IoT 平台侧的开发。在智慧路灯场景中，用户可在 IoT 平台实时查看路灯当前亮度信息，并进行远程开关及亮度调整等控制。

14.1.1 平台登录与项目创建

首先，登录物联网云平台 www.huaweicloud.com，注册华为云账号并完成个人或企业认证。之后通过网址 https://iot-dev.huaweicloud.com/#/developer-overview 进入 IoT 平台主界面，并通过华为云账号登录，如图 14-1 所示。

华为 IoT 平台是面向 IoT 行业客户和设备厂商，其向下可以接入各种传感器、终端和网关，向上通过开放的 API 快速集成多种行业应用。通过华为 LiteOS SDK 端云互通组件，可以快速地接入华为 IoT 平台。在进行开发前，需完善企业信息，可以根据自己的情况进行填写。

首先，创建一个新的项目。单击项目下的“添加”按钮，在弹出的对话框中填写项目名称，并选择所属行业。项目创建成功后，单击即可进入项目概览界面，如图 14-2 所示。在该界面中可以看到项目中产品的一些统计数据，若项目中已有开发中的产品，则其将会显示在主界面中。

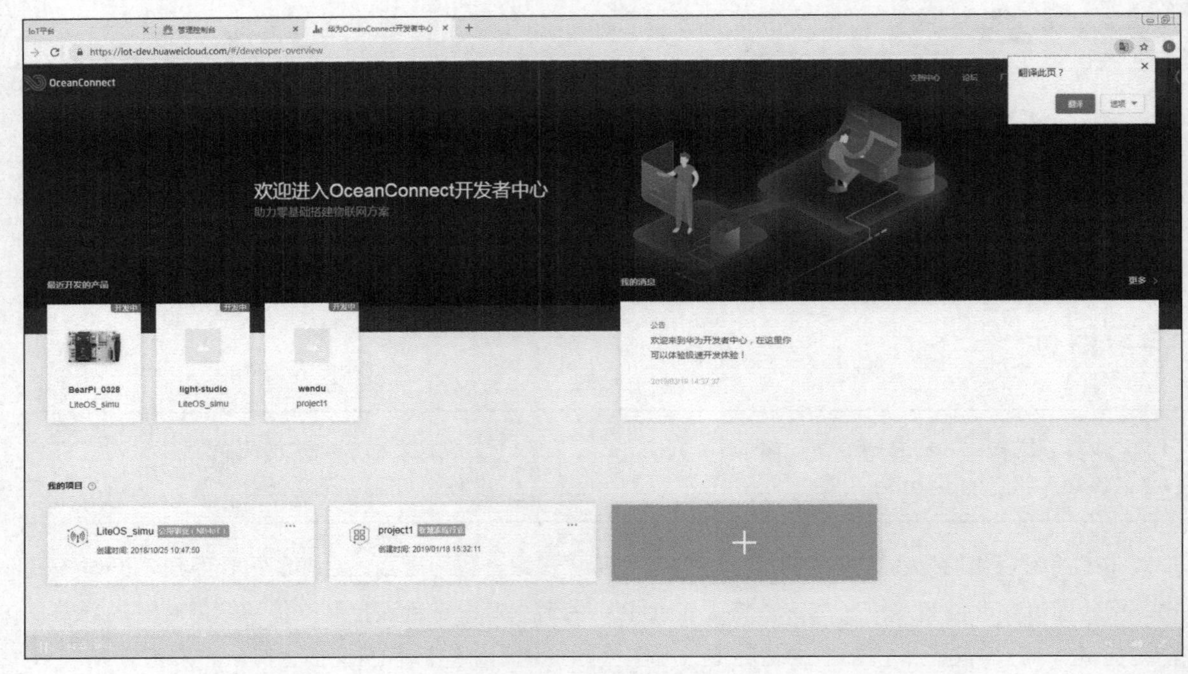

图 14-1　IoT 平台主界面

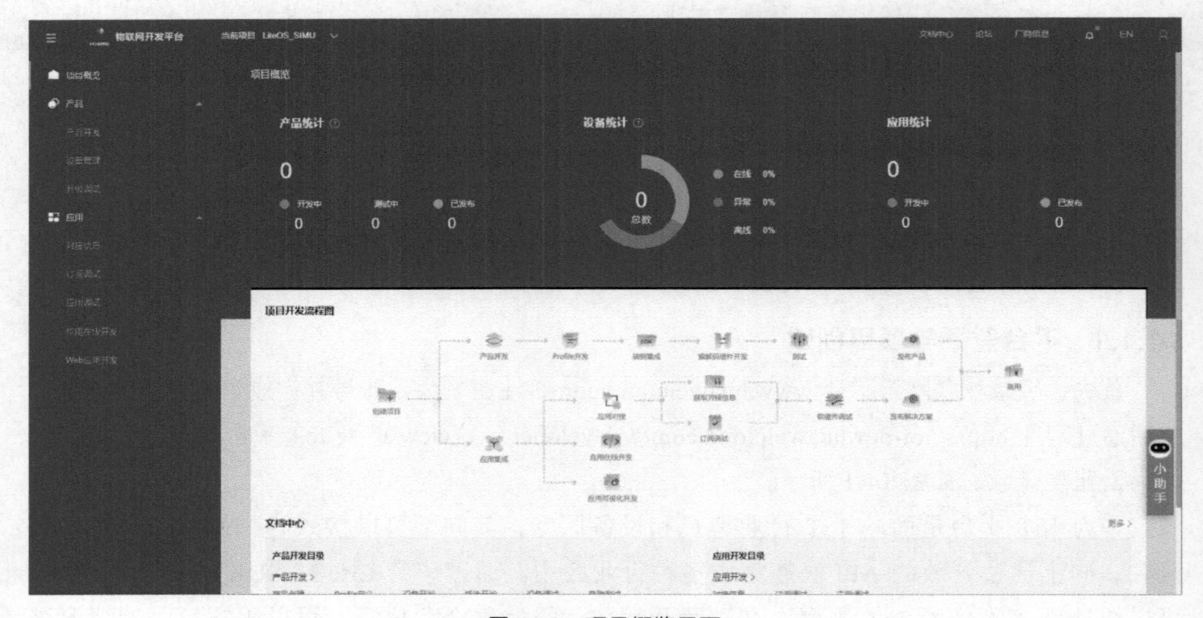

图 14-2　项目概览界面

其次，准备新建产品，在页面左侧选择“产品”→“产品开发”选项，单击“新建产品”按钮，即可进入创建产品流程。平台预先集成了不同类型的产品模板，以帮助用户快速地开发产品，为了了解清楚产品创建流程，这里不使用模板，选择“自定义产品”选项，逐步查看怎样定义一个产品。

自定义产品需依次填写或选择产品名称、型号、所属行业、设备类型、接入应用层协议类型、产品图片等信息。厂商 ID 及数据格式会根据型号及接入应用层协议类型自动生成。在本实验中，“设备类型”需选择为“StreetLight”，“接入应用层协议类型”需选择为“LWM2M”。自定义产品界面如图 14-3 所示。

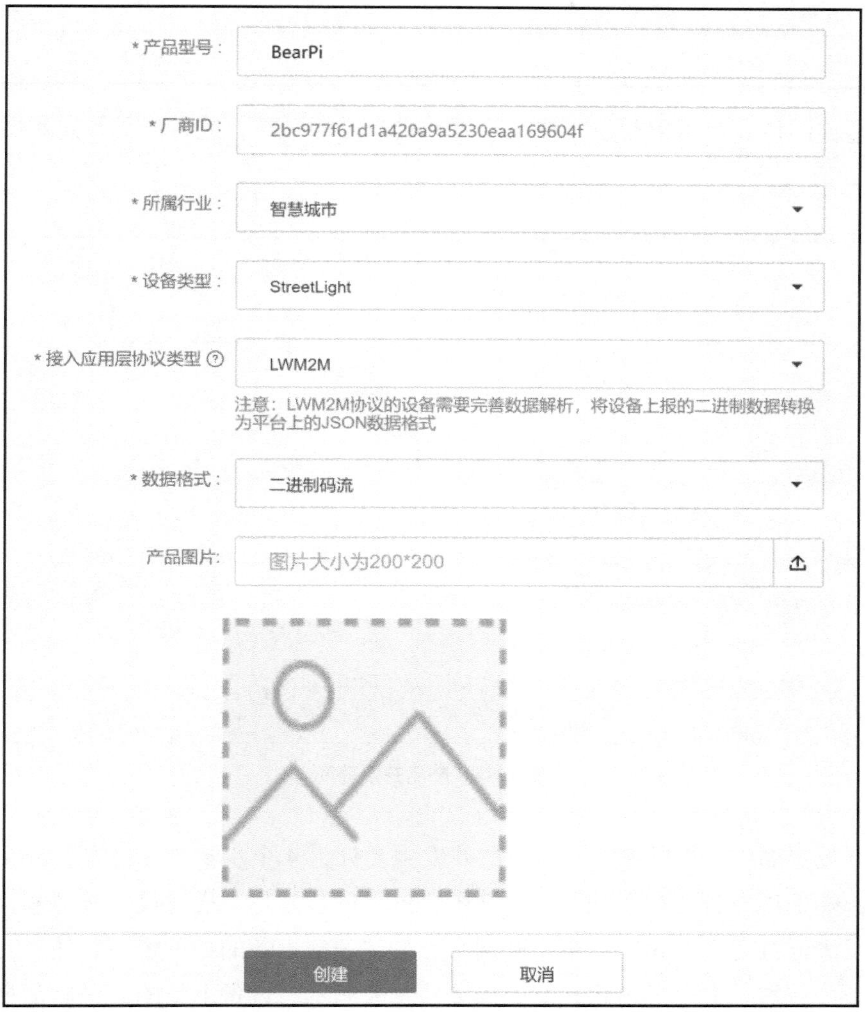

图 14-3　自定义产品界面

自定义产品的详细信息如表 14-1 所示。

表 14–1　自定义产品的详细信息

属性	属性值
产品名称	自定义
型号	自定义

续表

属性	属性值
所属行业	智慧城市
设备类型	StreetLight
接入应用层协议类型	LwM2M
数据格式	二进制码流

最后，上传图片，单击“创建”按钮即可完成产品的创建，进入产品开发界面，如图 14-4 所示。

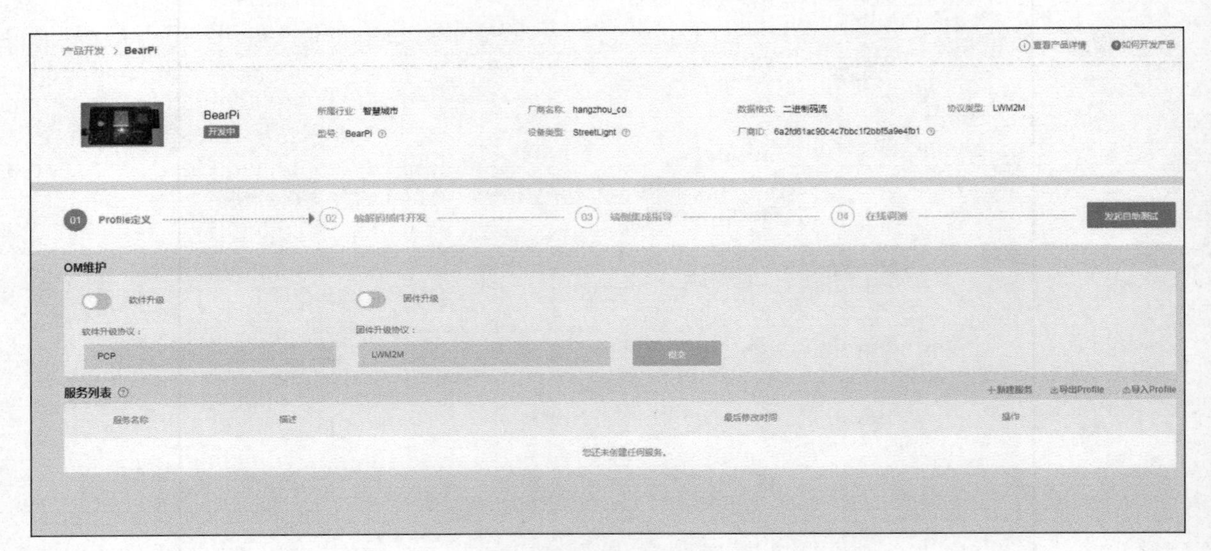

图 14-4　产品开发界面

在产品开发界面中，可以看到平台侧的开发主要分为 4 个步骤，分别为 Profile 定义、编解码插件开发、端侧集成指导和在线调测。其中，Profile 是指用于描述设备类型和设备服务能力的文件，开发者通过定义 Profile，在物联网平台构建一款设备的抽象模型，使平台理解这款设备支持的服务、属性、命令等信息；编解码插件主要用于将设备上报的二进制消息码流转换为 JSON 格式，转换后的 JSON 文件对应 Profile 中定义的具体内容。了解了这两个概念后，即可按步骤进行平台侧的开发。

14.1.2　Profile 定义

Profile 以服务为单位，每个服务具有一条或多条属性和命令。属性用于获取并展示传感器数据，命令则用于对设备端进行控制。每一条命令还有多个下发命令字段和响应命令字段。下发命令字段用于设置下发命令的格式；响应命令字段用于接收设备端的状态上报信息。在本实验中，会创建两个服务，实现对开发板 LED 灯的控制及光强传感器的数据采集。其中，设备服务列表如表 14-2 所示，LED 服务能力如表 14-3 所示。

表 14-2　设备服务列表

服务描述	服务标识（serviceId）	扩展板
控制开发板上的 LED 灯的开关	LED	智慧路灯
获取开发板上光强传感器的数据	sensor	智慧路灯

表 14-3　LED 服务能力

能力描述	属性名称	数据类型	数据范围
属性列表	无		

在产品开发界面中，单击“新建服务”按钮并在服务名称处填写“LED”。该服务用于控制开发板上的 LED 灯的开关，因此不需要定义属性。单击“添加命令”按钮，新建一条名为“Set_Led”的命令来模拟路灯的开关。该命令具有一个下发命令字段和一个响应命令字段。

单击“添加下发命令字段”按钮，新建一个下发命令字段“led”，其数据类型为 string，枚举值设为 ON 和 OFF（使用逗号隔开），即路灯的状态开关，由于字符串 ON 和字符串 OFF 的最大长度为 3，故将长度设为 3，如表 14-4 所示。单击“确定”按钮即可完成下发命令字段的添加。

单击“添加响应命令字段”按钮，新建一个响应命令字段“light_state”，其数据类型为 int，最大值和最小值分别为 1 和 0，如表 14-4 所示。每次设备收到平台下发的命令，执行完开灯或关灯的命令后，都要对此时灯的状态进行上报，0 表示关闭，1 表示打开。单击“确定”按钮即可完成响应命令字段的添加。如此即可完成 LED 服务的设置。

表 14-4　LED 命令列表

命令名称	命令字段	字段名称	类型	数据范围	枚举值
Set_Led	下发命令	led	string	3	ON,OFF
	响应命令	light_state	int	0～1	0 表示关闭，1 表示打开

新建一个服务“sensor”，用于获取开发板上光强传感器的数据。该服务不需要定义命令，单击“添加属性”按钮，新建一个名为“luminance”的属性。其数据类型为 int，数据范围为 0～65535，如表 14-5 所示，单位为 lux，并在访问模式中勾选“R”和“W”复选框。单击“确定”按钮即可完成该服务的设置。

此时，完成了 Profile 的定义，正确的结果如图 14-5 所示。

表 14-5　sensor 服务能力

能力描述	属性名称	数据类型	数据范围
属性列表	luminance	int	0～65535

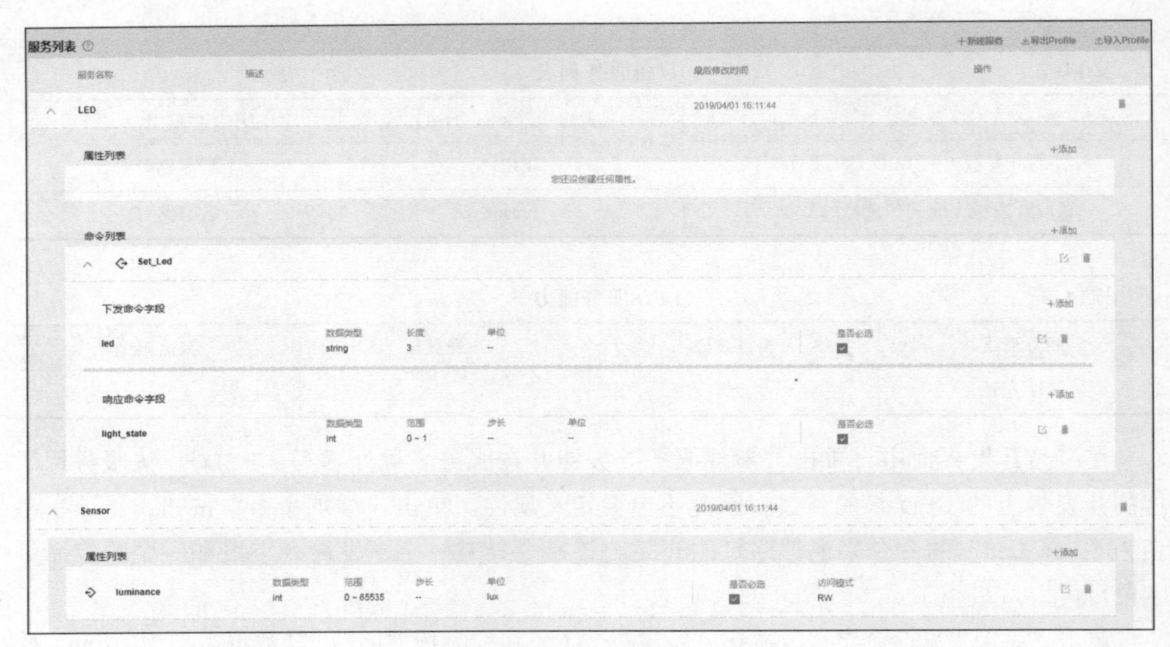

图 14-5　正确的结果

14.1.3　编解码插件开发

编解码插件以消息为单位。在本实验中，需要新建两个消息，分别用于设备传感器数据的上报及 IoT 平台命令的下发，消息属性如表 14-6 所示。

表 14-6　消息属性

	消息名	消息类型	messageId
1	Report_Sensor	数据上报	00
2	Set_Led	命令下发	01
		响应	02

单击“新增消息”按钮，新建一个名为“Report_Sensor”的消息，消息类型为“数据上报”。单击“添加字段”按钮，勾选“标记为地址域”复选框，当有多条数据上报时，这一复选框必须勾选。这里有光强传感器的数据上报及命令响应的数据上报。IoT 平台会根据地址域来区分这两者。地址域中所有信息都由平台填入，不用做任何修改，直接单击“完成”按钮进行保存即可。继续添加一个名为“data”的字段，数据类型为 int16u，即 16 位无符号整型，其他设置默认。单击“完成”按钮进行保存。如此便完成了光强传感器数据上报消息的编辑，单击“完成”按钮保存该信息。Report_Sensor 字段具体信息如表 14-7 所示。

表 14-7　Report_Sensor 字段具体信息

	参数名	数据类型	长度	属性
数据上报字段				
1	messageId	int8u	1	标记为地址域
2	data	int16u	2	

继续新建一个名为“Set_Led”的消息，用于控制 LED 灯，消息类型为“命令下发”。由于需要设备对执行命令的结果做出回馈，因此要勾选“添加响应字段”复选框。添加字段，同样勾选“标记为地址域”复选框并使用默认值保存。继续添加字段，此时勾选“标记为响应标识字段”复选框，用于记录命令的 ID，目的是使下发控制命令与路灯响应状态保持一致。该字段同样使用默认值，单击“完成”按钮进行保存。再添加一个名为“led”的字段，即路灯的开关控制，数据类型为 string，长度设为 3。该字段用于控制 LED 灯的开关。单击“完成”按钮进行保存。

添加完 3 个字段后，还需要添加消息的响应字段。单击“添加响应字段”按钮，勾选“标记为地址域”复选框并使用默认值保存。继续添加响应字段，勾选“标记为响应标识字段”复选框并使用默认值保存。继续添加响应字段，勾选“标记为命令执行状态字段”复选框，用于表示命令执行结果，返回 00 表示命令执行成功，返回 01 表示命令执行失败。该响应字段同样使用默认值，单击“完成”按钮进行保存。最后，添加一个名为“light_state”的响应字段，用于表示路灯的状态，0 表示关闭，1 表示开启。该响应字段除名称外不需要做额外修改，单击“完成”按钮进行保存即可。如表 14-8 所示。

表 14-8　Set_Led 字段具体信息

	参数名	数据类型	长度	属性
命令下发字段				
1	messageId	int8u	1	标记为地址域
2	mid	int16u	2	标记为响应标识字段
3	led	string	3	
响应字段				
1	messageId	int8u	1	标记为地址域
2	mid	int16u	2	标记为响应标识字段
3	errcode	int8u	1	标记为命令执行状态字段
4	light_state	int8u	1	

至此，完成了对设备码流的定义，码流的每一位代表的含义已经明确。接下来需要将码流与 Profile 进行匹配，即规定经过编解码插件后，解码出来的数值对应 Profile 中的哪一个属性或命令。在右侧的“设备模型”区域中可以看到上一步设置的两个服务——“LED”和“Sensor”，在服务的属性和命令区域中可以找到之前设置的字段，将其全部拖动到界面中即可自动完成连接，如图 14-6 所示。

单击界面右上角的“保存”按钮可以保存编解码插件设置，单击“部署”按钮可以将编解码插件部署至平台。当出现“在线插件部署成功”提示时，说明部署成功。

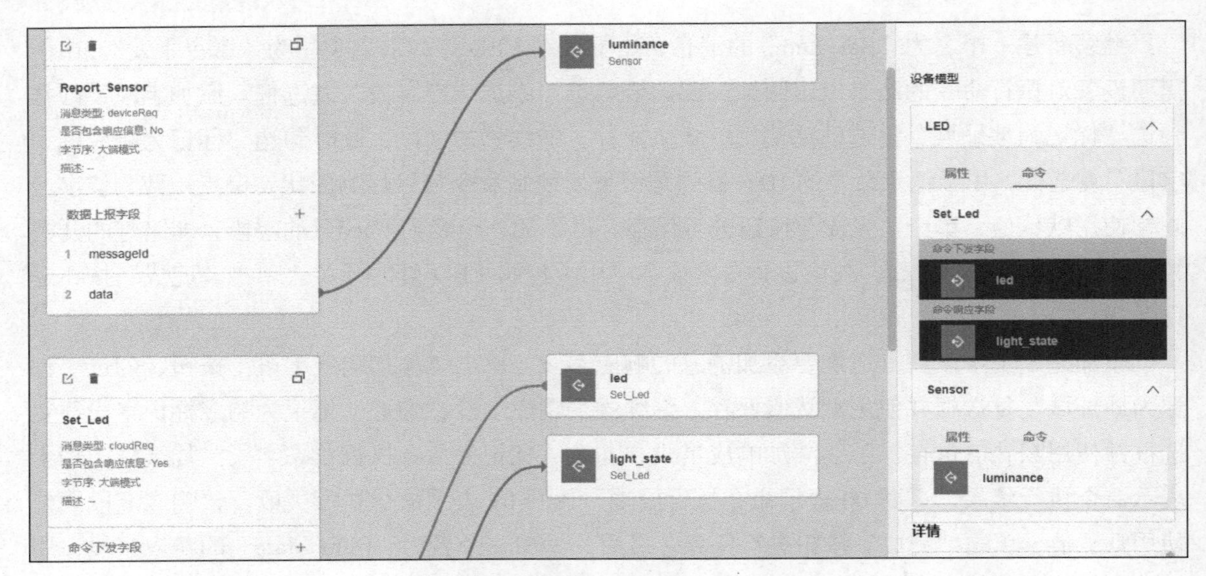

图 14-6　编解码插件设置及 Profile 关联

14.1.4　设备连接准备

本小节要准备设备与平台连接的相关设置。

需要在设备代码中给出物联网平台的 IP 地址，以供通信模组与平台之间建立连接。IoT 平台的 IP 地址可以在“对接信息详情”界面中查看，如图 14-7 所示。

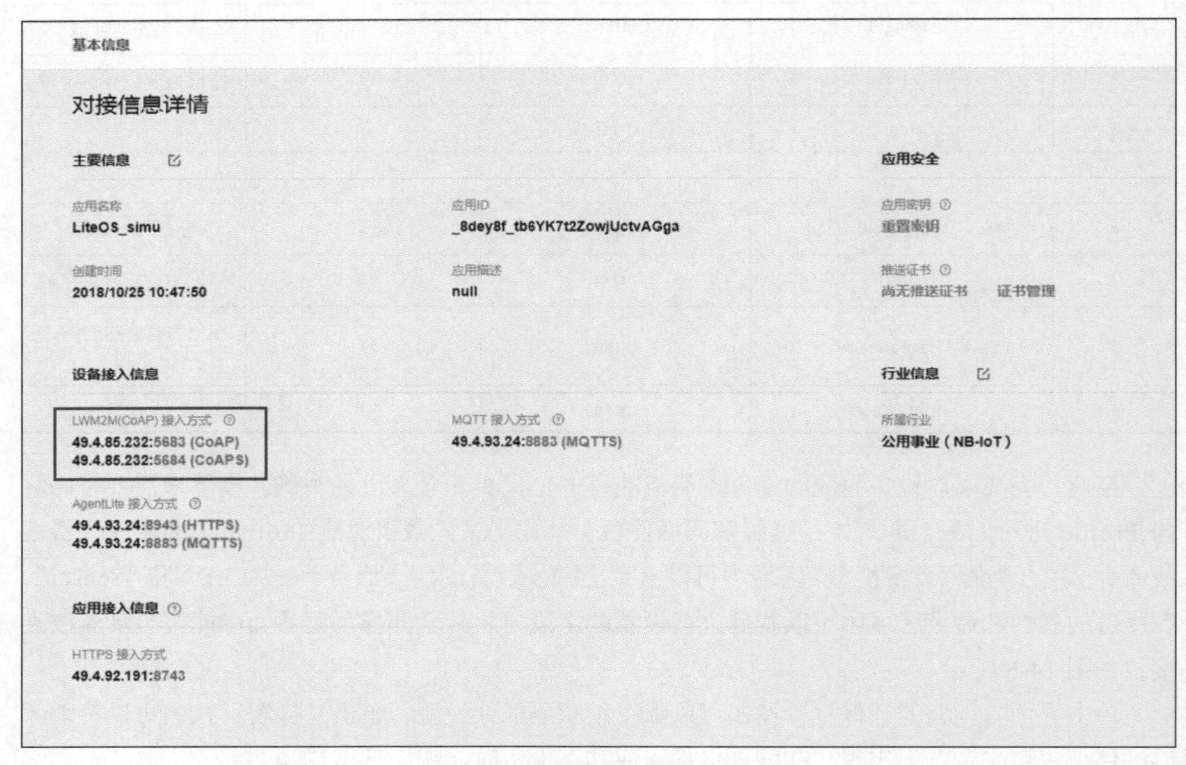

图 14-7　IoT 平台对接信息详情

从这里可以查看到，通过 LwM2M 或 CoAP 对接云平台，IP 地址为 49.4.85.232，非加密方式端口号为 5683，加密方式端口号为 5684。

除此之外，还需要在平台上新建一个设备，与之前配置的 Profile 定义关联对应起来。选择“产品”→“设备管理”选项，单击右侧的“新增真实设备”按钮，选择之前定义的“BearPi”产品，并给出名称和设备标识码。设备标识码是标识实际设备的唯一编码。若是 NB-IoT 设备，则设备标识码就是 IMEI。NB-IoT 模组的 IMEI 码一般刻在模组外壳上，可以直接读到，也可以通过模组的 AT 指令进行查询，具体指令可查询模组 AT 指令手册。若是非 NB-IoT 设备，则设备标识码在平台上保证唯一即可。为了便于在多种通信模式下进行切换，可以在代码中将 2G 和 Wi-Fi 的标识都设为 NB-IoT 模组的 IMEI 码。

至此，便完成了 IoT 平台侧的开发与配置。

14.2　工程代码

本节将介绍该实验的工程代码。工程代码 Project2 的获取方式已经在第 13 章中提及过，这里不再赘述。这里使用 targets 文件夹中的 STM32L431_BearPi。

与前两章的基础内核实验不同的是，本实验综合了传感器、通信模组的使用，整体工程的代码更加庞大，除了基础内核代码和用户代码之外，还需要 HAL 库代码、开发板外设代码、AT 框架代码、通信方式代码等。具体包含内容、代码位置等信息可在 Makefile 文件中查看。

14.2.1　AT 命令框架

在本实验中，将分别使用 NB-IoT、Wi-Fi、2G 的通信方式与云平台进行通信。3 种通信方式需要 3 个不同的通信模组，使用这 3 个模块都需要用到 AT 命令框架。

当前市场上众多通信模组基本上使用了 AT+UART 方式接入，主要的差别在于具体的 AT 指令，但很多情况下是类似的，LiteOS 端云互通组件提供了一种 AT 框架，也可以称其为 AT 模板，使用 AT 框架可方便用户移植不同串口通信模块。

具体的代码在 components\net\at_frame 文件夹中，代码文件为 at_api.c 和 at_main.c。不同模组的不同 AT 指令，可以通过 at_api.c 函数进行统一注册，这样对上层的应用层呈现的是一套统一的 API。在 at_main.c 中，定义了 MCU 与模组间通信串口的中断响应函数。每当串口上有接收的数据时，都由该响应函数进行处理。

在本实验中，Wi-Fi 和 2G 通信模组都使用了 AT 框架，NB-IoT 芯片中由于预制了 CoAP/LwM2M 通信协议，因此在使用方法上与前两者有所区别。

14.2.2　通信模组配置

本实验使用的通信模组类型可以在 config.mk 文件中进行设置。找到 NETWORK_TYPE 属性（第 39 行），将其设置为对应通信模组的型号。Wi-Fi 模组对应 ESP8266，2G 模组对应 M26，NB-IoT 模组对应 NB_NEUL95。使用不同模组通信时，需对 NETWORK_TYPE 属性进行对应的修改。

```
#ESP8266   # M26    # NB_NEUL95_NO_ATINY
    NETWORK_TYPE := ESP8266
```

14.2.3 驱动代码

本实验中使用的传感器、通信模组都需要驱动才能运行。传感器的驱动代码放置在targets\Hardware目录中。本实验使用的光强传感器为BH1750，可以在目录中找到名为BH1750的文件夹，其中即有驱动代码。若新增传感器，则需要在这里添加驱动并在Makefile文件中加入对应驱动代码的路径。

通信模组的驱动代码放置在components\net\at_device目录中。这里已经预制了本实验所需的所有通信模组的驱动代码。以Wi-Fi模组为例，其驱动代码在Wi-Fi_esp8266文件夹中。打开esp8266.h头文件，可以看到AT指令的定义如下，需要根据模组厂家的AT指令手册进行配置。其他通信方式与此类似。

```
#define AT_CMD_RST              "AT+RST"
#define AT_CMD_ECHO_OFF         "ATE0"
#define AT_CMD_CWMODE           "AT+CWMODE_CUR"
#define AT_CMD_JOINAP           "AT+CWJAP_CUR"
#define AT_CMD_MUX              "AT+CIPMUX"
#define AT_CMD_CONN             "AT+CIPSTART"
#define AT_CMD_SEND             "AT+CIPSEND"
#define AT_CMD_CLOSE            "AT+CIPCLOSE"
#define AT_CMD_CHECK_IP         "AT+CIPSTA_CUR?"
#define AT_CMD_CHECK_MAC        "AT+CIPSTAMAC_CUR?"
#define AT_CMD_SHOW_DINFO       "AT+CIPDINFO"
```

另外，使用Wi-Fi连接时，需要在头文件中配置热点名称和密码，读者可以根据实际情况配置热点名称和密码。示例如下。

```
#define WI-FI_SSID              "LiteOS"
#define WI-FI_PASSWD            "0987654321"
```

14.2.4 业务代码

业务代码主要分为通信模组功能代码和主业务代码两个部分。

1. 通信模组功能代码

使用Wi-Fi/2G进行通信时需要使用端云互通组件，其代码文件为demos\agenttiny_lwm2m目录中的agent_tiny_demo.c。对于已经内置华为Boudica芯片的NB-IoT模组，可以不使用端云互通组件，而使用特有的AT指令直接接入云平台，代码文件为demos\nbiot_without_atiny目录中的nb_demo.c。两者都需要更改一些配置才能将设备接入云平台。

首先，需要配置IoT平台的IP地址，两个文件中的结构稍有不同。

```
#demo\agenttiny_lwm2m\agent_tiny_demo.c
#define DEFAULT_SERVER_IP "49.4.85.232" /*local ipv4*/

#demo\nbiot_without_atiny\nb_demo.c
#define OCEAN_IP "49.4.85.232"
```

其次，配置设备标识码，Wi-Fi/2G的设备标识码只需要与IoT平台中新建设备的标识码保持一致即可，NB-IoT 的设备标识码为其模组的 IMEI 码，可通过查阅芯片上所刻的内容或 AT 指令获取。为方便起见，可全部设置为 NB-IoT 模组的 IMEI 码，如下所示。

```
#demo\agenttiny_lwm2m\agent_tiny_demo.c
char *g_endpoint_name = "868744031131026";

#demo\nbiot_without_atiny\nb_demo.c
#define DEV_PSKID  "868744031131026"
```

除了连接配置之外，agent_tiny_demo.c 和 nb_demo.c 中还定义了数据采集任务、数据上报任务、命令响应上报任务，具体代码如下。

```
VOID data_collection_task(VOID) {
    UINT32 uwRet = LOS_OK;

    short int Lux;
    Init_BH1750();
    while (1) {

        Lux=(int)Convert_BH1750();          //获取传感器数据
        printf("\r\n***************BH1750 Value is  %d\r\n",Lux);
        LCD_ShowString(10, 200, 200, 16, 16, "BH1750 Value is:");
        LCD_ShowNum(140, 200, Lux, 5, 16);
        sprintf(BH1750_send.Lux,"%04X", Lux);
        //将传感器数据存入发送数据的结构体
        uwRet=LOS_TaskDelay(2000);
        if(uwRet !=LOS_OK)
        return;
    }
}
```

数据采集任务 data_collection_task 周期性地通过 Convert_BH1750 函数进行数据采集并将数据存入发送数据的结构体。该任务通过 create_collection_task 函数进行创建。

数据上报任务为 app_data_report，通过 create_report_task 函数进行创建；命令响应上报任务为 reply_report_task，通过 create_reply_report_task 函数进行创建。这两个任务在 Wi-Fi/2G 通信模式和 NB-IoT 通信模式下的实现稍有不同，这里不再列举代码，但其总体思路类似，Wi-Fi/2G 通信模式下使用端云互通组件 AgentTiny 进行数据上报，NB-IoT 模式下使用自己的接口进行数据上报。

最后，在 Wi-Fi/2G 通信模式下，通信功能入口函数为 agent_tiny_entry，主要进行端云互通组件 AgentTiny 的初始化，以及数据采集任务、数据上报任务、命令响应上报任务的创建。在 NB-IoT 通信模式下，通信功能入口函数为 nb_iot_entry。根据不同的通信模式，应选择对应的入口函数进行任务创建。

2. 主业务代码

```
int main(void)
{
    UINT32 uwRet = LOS_OK;
    HardWare_Init();
    uwRet = LOS_KernelInit();
```

```
    if (uwRet != LOS_OK)
    {
        return LOS_NOK;
    }

    extern UINT32 create_work_tasks(VOID);
    uwRet = create_work_tasks();
    if (uwRet != LOS_OK)
    {
        return LOS_NOK;
    }


    (void)LOS_Start();
    return 0;
}
```

主业务代码在 targets\STM32L431_BearPi\Src\main.c 中，主要包括硬件环境的初始化 HardWare_Init、内核的初始化 LOS_KernelInit 及用户任务的初始化 create_work_tasks。

用户任务代码在 targets\STM32L431_BearPi\Src\user_task.c 中，主要是初始化了 UART 并创建了通信任务。具体通信任务需根据实际使用的通信模组进行更换。代码编写完成后进行编译和烧录，即可进行智慧路灯的模拟。

3. 预期实验成果

以 Wi-Fi 通信模组为例，完成烧录并成功运行后，回到 IoT 平台，选中“BearPi”产品，选择“产品开发”选项，单击“在线调测”按钮，选择“调测”选项，进入 IoT 平台在线调测页面，如图 14-8 所示。

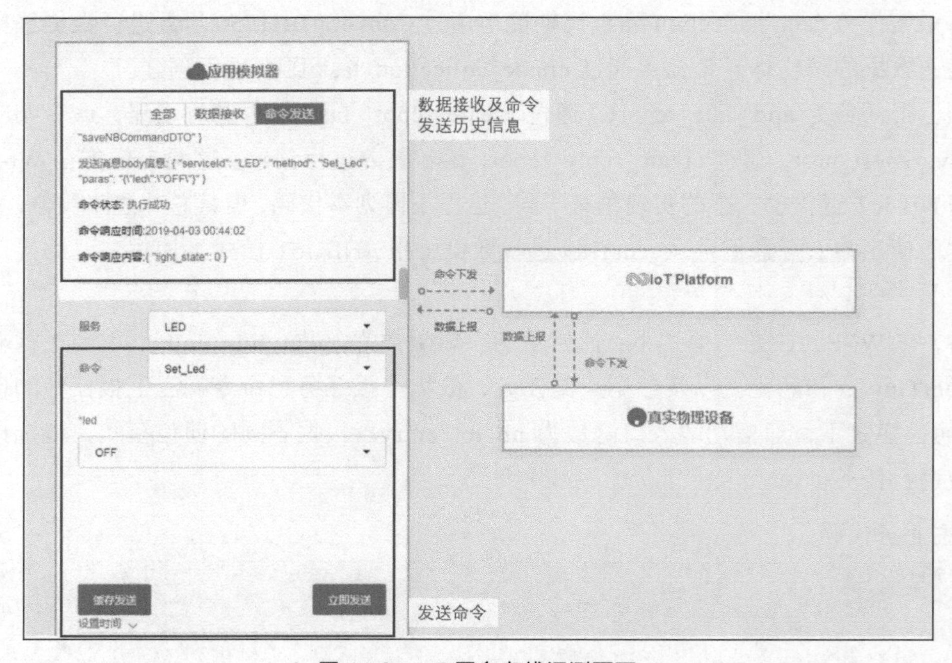

图 14-8 IoT 平台在线调测页面

在“应用模拟器”区域中，可选择“LED”服务中的“Set_Led”命令，选择“ON”或“OFF”选项并单击“立即发送”按钮，从而发送 LED 灯的控制命令。发送后，应可以观察到设备上 LED 灯的打开或关闭。同时，在应用模拟器上方，可以看到设备不断发送的光强传感器数据及历史命令下发记录。

在“设备管理”界面中，单击“BearPi”的“状态”区域即可进入“BearPi”的设备管理界面。在该界面的“历史数据”选项卡中可以观察到上传的设备历史数据，如图 14-9 所示，在“历史命令”选项卡中可以观察到下发命令的历史记录。

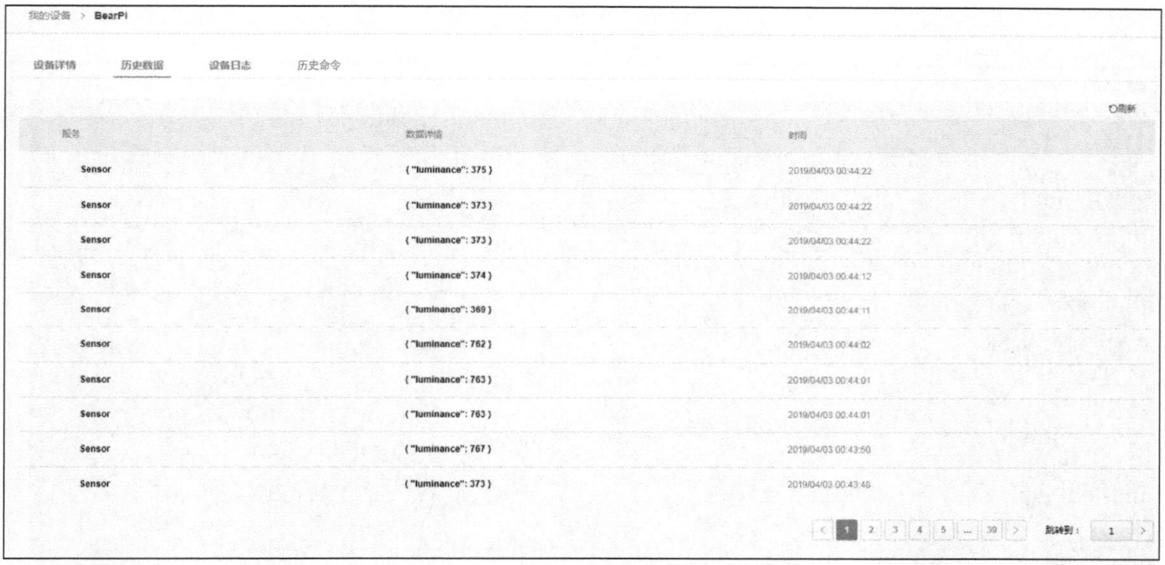

我的设备 > BearPi

设备详情 历史数据 设备日志 历史命令

刷新

服务	数据详情	时间
Sensor	{ "luminance": 375 }	2019/04/03 00:44:22
Sensor	{ "luminance": 373 }	2019/04/03 00:44:22
Sensor	{ "luminance": 373 }	2019/04/03 00:44:22
Sensor	{ "luminance": 374 }	2019/04/03 00:44:12
Sensor	{ "luminance": 369 }	2019/04/03 00:44:11
Sensor	{ "luminance": 762 }	2019/04/03 00:44:02
Sensor	{ "luminance": 763 }	2019/04/03 00:44:01
Sensor	{ "luminance": 763 }	2019/04/03 00:44:01
Sensor	{ "luminance": 767 }	2019/04/03 00:43:50
Sensor	{ "luminance": 373 }	2019/04/03 00:43:48

< 1 2 3 4 5 ... 39 > 跳转到： 1 >

图 14-9 设备历史数据

14.3 OTA 升级

完成上述实战实验后，即可实践 LiteOS 的 OTA 升级功能。OTA 升级功能可通过远程方式对终端软件进行升级更新，大大降低了人工近端维护成本。本节将在智慧路灯模拟实验的基础上实践 OTA 升级功能。

14.3.1 环境准备

OTA 升级包的生成需要使用 Python。首先，下载并安装 Python 3.7。安装时选择“自定义安装”并勾选“Add Python 3.7 to PATH”复选框。如果不勾选此复选框，则需要自己在计算机中添加路径。其次，勾选所有特性，并保持其余选项的默认配置，如图 14-10 所示。后续按步骤完成安装即可。

最后，安装完成后，打开命令行窗口，输入“pip install pycryptodome”，按 Enter 键，安装 pycryptodome，如图 14-11 所示。

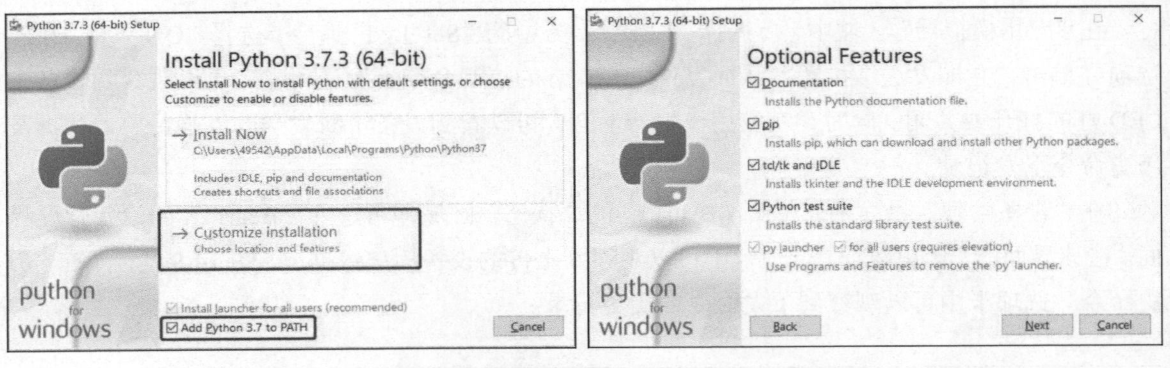

图 14-10　Python 安装设置

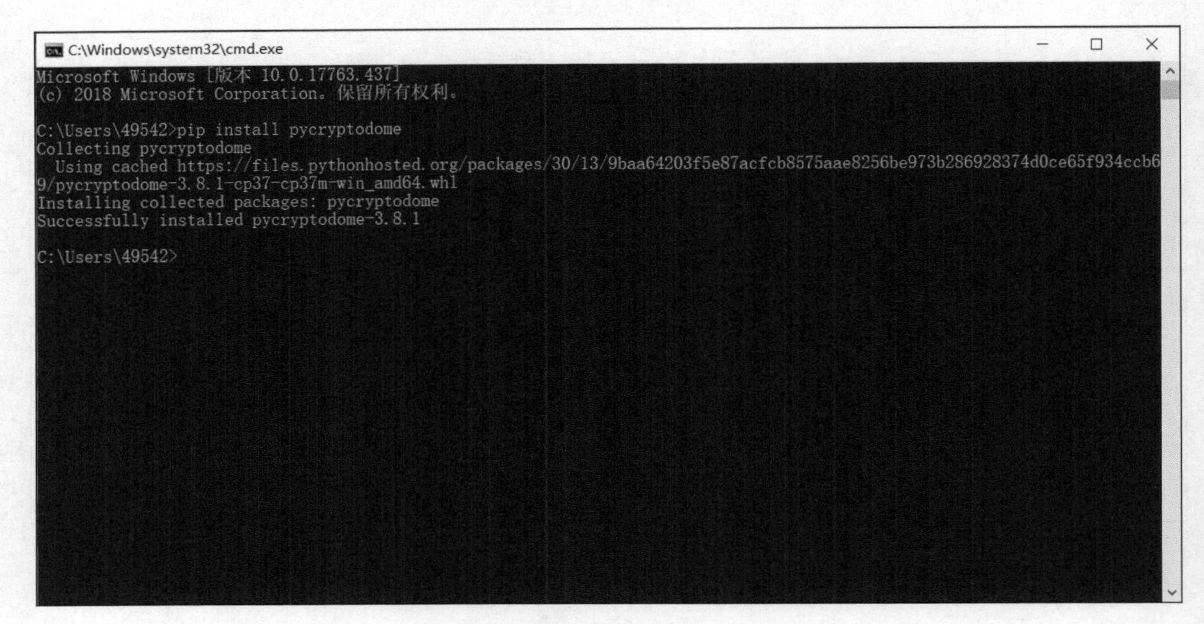

图 14-11　安装 pycryptodome

14.3.2 生成升级包

OTA 升级实验使用的工程文件在 Project2 的 STM32L431_BearPi_bootloader_fota 目录中。使用 LiteOS Studio 将工程编译并烧录至小熊派开发板后，可以发现小熊派开发板并没有启动。这是因为此次烧录的部分不包含 app 程序，所以这里需要将 app 程序烧录至开发板中。

首先，更改 LiteOS Studio 的配置，将 Makefile 文件路径更改为 STM32L432_BearPi 项目中的 Makefile，编译输出目录也更改到\STM32L431_BearPi\GCC\build 目录中，在烧录器设置中，将烧录起始地址设置为 0x08010000，如图 14-12 所示。

由于 BootLoader 的起始地址为 0x08000000，因此，若不更改地址，会导致 app 程序覆盖 BootLoader，导致无法正常执行 OTA 升级功能。

其次，需要对项目代码做一些改动，以生成不同版本的 app 程序。下面以使用 Wi-Fi 通信模组为例进行介绍。

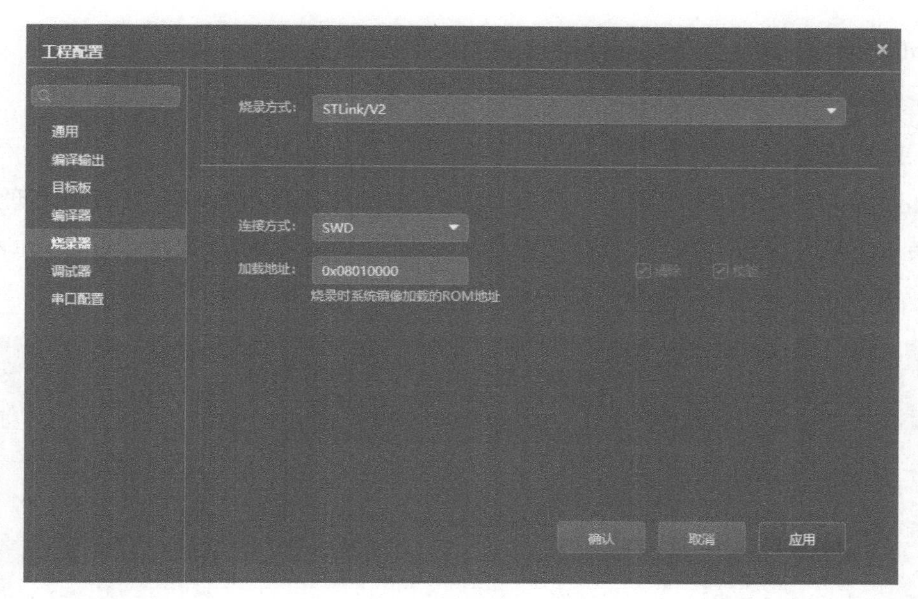

图 14-12　设置烧录起始地址

在 agent_tiny_demo.c 的数据上报任务 app_data_report_collection 中，将获取传感器数据的代码更改为固定值。

```
//Lux=(int)Convert_BH1750();        //获取传感器数据
Lux=345;                            //使用固定值
```

更改\STM32L431_BearPi\GCC 目录中的 STM32L431RCTx_FLASH.ld 链接文件，将 Flash 地址更改为 0x08010000，即 app 程序加载地址。

```
/* Specify the memory areas */
MEMORY
{
RAM (xrw)        : ORIGIN = 0x20000000, LENGTH = 64K
FLASH (rx)       : ORIGIN = 0x8010000, LENGTH = 256K
}
```

完成这些更改后进行编译，并烧录至小熊派开发板中。此时，可以通过串口或 IoT 平台看到小熊派开发板开始运行 app 程序，且采集并上报的光强传感器数据始终为固定的 345。

再次，重新修改 agent_tiny_demo.c 中的数据上报任务 app_data_report_collection，将数据采集修改为实际传感器数据。修改后重新编译，但不烧录。编译完成后，可以在编译输出目录中找到 Huawei_LiteOS.bin 文件，将该文件复制到\STM32L431_BearPi\Script 目录中。

最后，需要为 BIN 文件加上包头。这里涉及 LiteOS 源码中提供的代码与 RSA 公私钥。在测试 OTA 升级功能时，可以直接使用 GitHub 上提供的公私钥，在实际应用中，可以通过 gen_key.py 或者 OpenSSL 生成公私钥。

打开命令行窗口，进入\STM32L431_BearPi\Script 目录，输入“python package_software.py-c ./config.xml -o ./out_head.bin -i ./Huawei_LiteOS.bin”。其中，config.xml 中指定了固件包版本号（须与代码中定义的一致才能通过校验）与 checksum 方法；out_head.bin 为输出的加上包头的固件包，也是需要进行签名并上传到 IoT 平台的文件；Huawei_LiteOS.bin 是上一步中使用

LiteOS Studio 生成的 BIN 包。按 Enter 键，运行后即可生成 out_head.bin 文件。

将 out_head.bin 文件压缩为 ZIP 格式，即可完成升级包的制作。

14.3.3 上传及升级

打开 IoT 平台，选择“产品”→“升级调试”选项，在左上角选择“升级包管理”选项，单击“上传未签名升级包”按钮，选择对应产品，选择刚刚制作的升级包，即 out_head.zip，在右侧输入其版本号后，单击“提交”按钮即可完成升级包的上传，如图 14-13 所示。

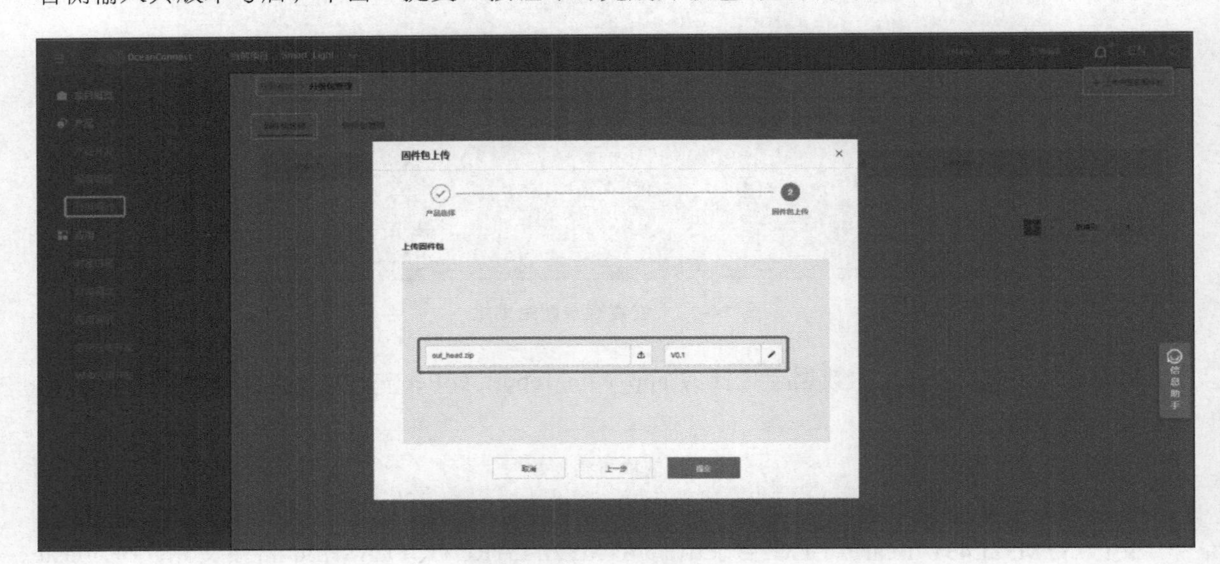

图 14-13　升级包的上传

在进行 OTA 升级之前，需要对设备 Profile 进行设置。在设备 Profile 设置界面中，有“OM 维护”区域，在该区域中打开“固件升级”功能并单击“提交”按钮，如图 14-14 所示。

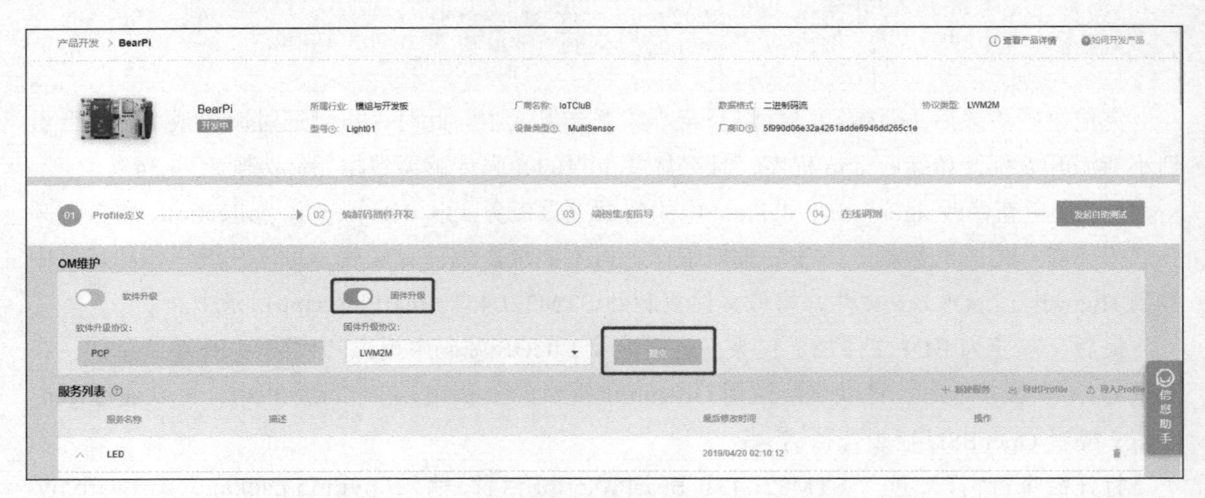

图 14-14　固件升级

当出现“OM 配置成功”的提示后，可以在下方找到自动生成的名为“DM”的服务，DM 服务的属性如图 14-15 所示。

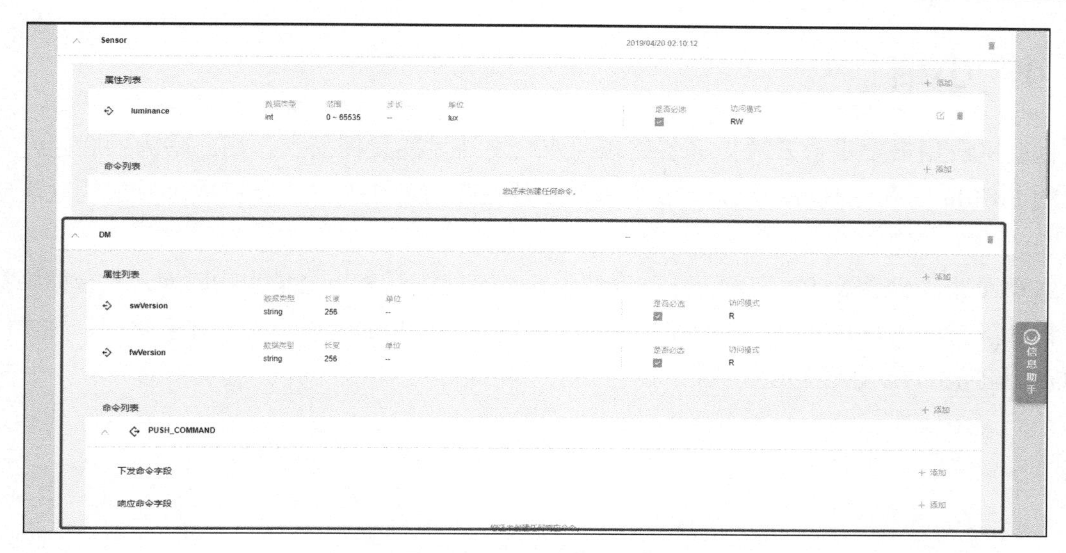

图 14-15　DM 服务的属性

回到“升级调试”界面，单击“创建任务”按钮，即可创建升级任务，如图 14-16 所示。根据提示依次选择对应产品、升级包及设备，单击“提交”按钮即可开始升级。

图 14-16　创建升级任务

升级过程比较缓慢。此时，可以单击升级中的任务查看任务状态，也可以在串口中看到设备正在更新升级。当提示“Firmware updated successfully”信息时表示升级成功，如图 14-17 所示。

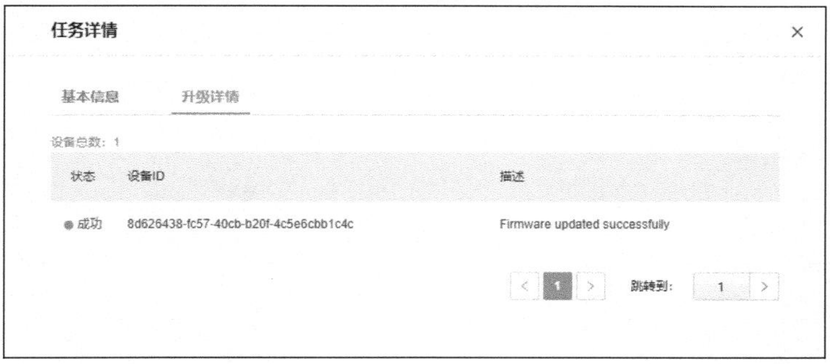

任务详情

基本信息　升级详情

设备总数：1

状态	设备ID	描述
● 成功	8d626438-fc57-40cb-b20f-4c5e6cbb1c4c	Firmware updated successfully

跳转到：1

图 14-17　升级成功

14.4 小结

物联网应用需要平台云端与设备终端的双端支持才能发挥最大作用。华为物联网云平台简便的 Profile 配置与 Huawei LiteOS 丰富的功能组件有助于开发人员高效地完成物联网应用开发。

本章通过“智慧路灯”案例，详细介绍了通过小熊派开发板与华为物联网云平台模拟搭建真实物联网应用场景的方法，帮助读者快速了解物联网应用的运作模式及开发过程，并实践了 LiteOS 具备的 OTA 升级功能。

第 15 章 LiteOS创新设计

15

学习目标

① 尝试使用 LiteOS 内核升级创新设计

② 尝试使用 LiteOS 进行更多实际物联网业务开发

Huawei LiteOS 的作用远不止本书中所介绍的内容，它在消耗低、性能高的同时还有着无限的可能。作为一个开源操作系统，Huawei LiteOS 在未来有着巨大的发展潜力，而其发展方向是由每一位开发人员决定的。与此同时，LiteOS 有更多的应用价值等待被开发。

本章将列出两个 LiteOS 创新设计需求。首先提出的是 LiteOS 内核升级设计需求，汇集广大读者的思想对内核提出改进意见；其次提出的是挖掘 LiteOS 更多应用场景的需求，拓宽 LiteOS 的使用范围。

15.1 LiteOS 内核升级

Huawei LiteOS 是开源的物联网操作系统，可在华为开源社区获取完整的内核源码。本书介绍的 LiteOS 操作系统的相关知识属于较为笼统的概念，通过内核源码，读者可以更直接地了解并学习 LiteOS 内核的原理。而 LiteOS 真正的魅力依然藏在代码中，读者可细细品味。

Huawei LiteOS 的开源主旨在于为广大物联网开发人员提供完善而可靠的开发工具。与此同时，华为同样希望借助开发人员的力量让 LiteOS 在未来发展得越来越好，越来越符合大众的需求。因此，在充分了解内核代码的逻辑后，读者完全可以尝试自己对内核进行升级，改善原有功能或添加新功能。

1. 基础要求

内核升级并非简单增改内核中的某项功能。添加不常用的功能接口只会增加内核大小，提高 MCU 的空间压力，加入额外的检测任务带来的收益可能比不上功耗提高带来的负面效应。因此，在做出功能增改时，必须明确考虑其实用性及正负收益对比。

在明确考虑功能改动可能带来的正面和负面收益的情况下，读者可以适当结合自身想象力与实际物联网产品需求，给出 LiteOS 内核升级的思路。在开源代码中进行实现并做出简单的 Demo 后，撰写内核升级设计报告并分享到华为开源社区中。设计报告尽量包含以下内容。

（1）动机与目标：交代功能改动的背景与动机，明确该功能改动的主要目标。

（2）多方面利弊分析：在功能改动满足目标的同时，考虑其可能带来的负面效应，如内核增大、功耗增加、对其他功能的连带影响等。

（3）实现方法：给出大致的实现思路，不用太详细（细节都在代码中）。

（4）验证实验：通过简单的 Demo 实验验证功能改动是否有效，并给出具体的数据。

（5）源码：部分改动的代码文件或完整源码。

2. 方向建议

内核升级有多个方向，下面分享两个简单方向，供读者参考。

（1）系统调测：系统调测为产品开发时所需。良好的调测架构可以帮助开发人员快速发现及定位潜在问题并进行修补。

（2）内存优化：在内核分配内存时提高分配效率，辅助检测内存泄漏。

15.2 物联网创新应用

Huawei LiteOS 作为一款超轻量级的物联网操作系统，通过极小的体积实现了足够支撑物联网业务的丰富功能，打破了许多物联网应用的限制。例如，OpenCPU 方案就利用了 LiteOS 小体积的特点，灵活运用了通信模组的剩余运算资源，实现了使用单 MCU 完成所有运算及通信任务，大幅缩小了产品体积并降低了生产成本。

LiteOS 的成就远不止这些。它具有小体积、低成本、强续航的特点，使物联网应用可以向更多的领域拓展延伸，让万物互联的畅想成为可能。广大读者可以集思广益，探索生活中更多的物联网应用场景，利用 LiteOS 的诸多特性将原本的不可能变为可能。

15.2.1 基础要求

该创新设计对读者的物联网开发能力和经验有一定的要求。读者需熟悉市面现有物联网产品及应用场景，对当前物联网应用发展的瓶颈和难点有一定的了解。结合已知难点及 LiteOS 的特性，可以迸发出更多思维的火花，发现 LiteOS 的潜在应用场景并拓宽物联网的应用范围。

在有设计思路的情况下，读者可以利用华为物联网平台与 LiteOS 进行简单的物联网应用模拟，并在华为开源社区上分享自己的创意和设计，若具有较高的商业价值，则分享者可与华为团队进行单独沟通联系，建立商业合作。

15.2.2 创新应用参考案例——智能门锁

智能门锁是当下新兴的一款物联网产品，允许使用者远程进行门锁的状态查看与控制。对于个人用户而言，智能门锁允许用户直接通过手机等移动终端对家中门锁进行远程控制，既可以预防盗窃，又能避免钥匙丢失、忘记锁门等尴尬问题；对于企业而言，智能门锁也可帮助诸如公寓酒店、机房等场所对所有的门锁进行统一在线管理，无需钥匙，无需现场管理，避免人为事故。

YiLock 智能门锁项目是以华为 Boudica 150 芯片的 NB-IoT 模组和华为 OceanConnect IoT 平台为基础的智能门锁应用，图 15-1 展示了该项目的基本框架。设备端主要基于 LiteOS，使用了 OpenCPU 技术完成南向设备的开发，实现了数据的采集、上传、命令处理等；利用 OceanConnect 的开放性 API 完成了北向应用的开发，实现了对设备的管理和数据查看。

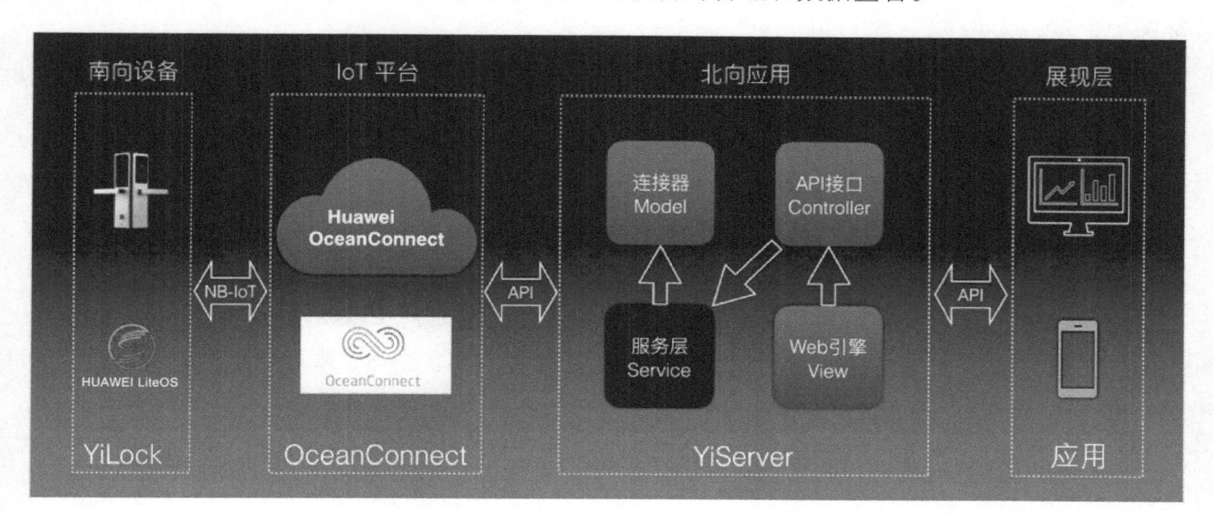

图 15-1 YiLock 智能门锁项目的基本框架

该项目充分发挥了 LiteOS 小体积、低功耗的优势，使门锁可以长时间工作，降低了更换电池的人力成本。同时，它运用 OpenCPU 技术，极大地减小了设备端体积，不仅降低了成本，还便于部署至空间有限的门锁中。

15.2.3 创新应用参考案例——智能购物车

顾客在商城、超市购物时，经常会遇到高峰时段收银通道排长队支付结账的情况。在支付方式便利多样的现在，无人超市也逐渐推广起来。顾客自助结算不仅缩短了排队时间，还节省了人力成本。智能购物车方案借助 IoT 技术，为无人超市提供了一种新的可能。

智能购物车自带结算功能，将商品放入购物车的同时即可完成结算，即选即购，使顾客轻松、方便购物，提升购物欲望。每位顾客独立使用智能购物车，避免了因某人不熟悉自助结算的操作而耽误他人时间的情况发生，使整体购物体验更加流畅。同时，其即选即购的特点允许商家分析顾客的购物路线、购物喜好等，为商场建设与规划提供了帮助。

智能购物车的使用流程如下：商家将商品装入带 RFID/二维码标签的购物封装袋中，顾客到店后，先通过支付实名认证借取自助购物车，购物车的触控屏显示热销商品、地图导购，顾客选中所需的商品，扫码支付通过后，购物车自动开启储物口，顾客将商品放入，储物口关闭，选购即完毕，通过出口安检门打印购物小票，购物车自动开启取物口，顾客将商品取出后归还购物车。购买大件商品时，在触摸屏上选购并支付后，由超市后台负责发货，如需退换货，则需到服务台处理。

智能购物车采用了定制的安卓主板（TIOMAP3530 处理器），包含 LCD 触摸屏、摄像头、IC 卡读卡器、RFID 读卡器、扫码枪、I/O、蓝牙、Wi-Fi、NB-IoT（BC28）等模块。软件开发基于 LiteOS，连接华为云平台，实现查询导引、广告推送、商品扫码、结算支付、顾客评价等功能，并在云平台端实现数据收集及大数据分析。

该项目的创新性在于彻底改变了传统商超的商业模式，提高了人们的生活效率和品味，在提升顾客消费体验的同时提供给商家更多的用户数据，以分析和改进规划建设，达到两全其美的效果。

15.3 小结

本着开源开放、共建共享的原则，Huawei LiteOS 十分欢迎广大读者和开发人员对 LiteOS 的发展与应用提出宝贵的意见，将自己的创新思想与华为共享。

本章为读者提供了两个初步的创新思路，希望读者能分别从 LiteOS 内核角度和 LiteOS 应用角度出发，发挥自己的创造力，提出 LiteOS 创新设计方案。当然，本章仅提供参考思路，欢迎开发人员提出任意与 LiteOS 相关的创新设计方案。